那些看似不起眼的

撬動宇宙的那一刻

THE MOMENT THAT SHOOK THE UNIVERSE

從古代智慧到現代技術，
關鍵時刻的靈光乍現，竟推動人類文明跨越界限？

陳劭芝，林之滿，蕭楓 主編

從物理學到化學，從天文學到數學
科學家如何透過觀察、實驗和創新為現代文明奠定基礎？
科學的力量在於創新
每一次突破都改變了我們看待世界的方式！

目錄

目錄

目 錄

扁鵲對中醫脈診的貢獻與發現

扁鵲大約生活在西元前五至四世紀左右，姓秦名越人，渤海郡人，春秋戰國時期著名醫學家。

扁鵲年輕時當過旅店的店長，有一位常在旅店住宿的旅客長桑君和他交往甚密，感情很好。透過許多事情，他感覺扁鵲為人正直厚道，便把自己畢生所學的醫術絕學全部傳授給他。扁鵲便拜長桑君為師，繼承其醫術，並刻苦鑽研，最終成為一代名醫。

《史記》中有這樣一個故事：

有一次，扁鵲到齊國行醫，遇到了齊桓侯，扁鵲看了看他，馬上說道：「您的皮膚有些小問題，趕快醫治吧，否則會加重的。」可齊桓侯不以為然，還在扁鵲離開後諷刺他：「我根本沒有病，醫生總喜歡幫沒病的人治病，把醫好病作為自己的功勞來炫耀。」過了十天，扁鵲又見到了齊桓侯，說道：「大王，您的病已侵入血脈肌肉中了，再不醫治恐怕會惡化的。」桓侯還是不予理會。又過了十天，扁鵲再次見到桓侯，道：「您的病已經進入到了腸胃，再不趕快治療的話恐怕就嚴重了。」這次桓侯乾脆不理扁鵲。又過了十天，扁鵲遠遠地看到了齊桓侯，轉頭就跑。桓侯有些奇怪，遣人問之。扁鵲答道：「皮膚間的小病，用熨貼法就可以治好；血脈肌肉裡的病，也可以用針灸治好；後來病在腸胃，可以用熱敷治好。但是現在桓侯已經病入骨髓裡了，已經無可救藥了。所以我不用再過問了。」過了些時日，齊桓侯的病果真開始發作，派人尋找扁鵲，可這時扁鵲早就離開齊國了。

這一故事表明扁鵲對望診有很高深的造詣。這便是中醫總結出的四診（望診、聞診、問診、切診）之一，當時扁鵲稱它們為望色、聽聲、寫影和切脈。

扁鵲在切診上也是很高明的，有一次在虢國遇到太子身亡，扁鵲透過診脈斷定太子並沒有死，只是「屍蹶」（類似現在的休克）而已，後果真治癒。他透過切摸，發現太子兩大腿的體表仍然溫暖，還觀察到太子鼻翼微動，因此敢下判斷。扁鵲是歷史上最早用脈診法來判斷病情的醫生，並有相應的脈診理論。

扁鵲為人謙虛謹慎，從不好大喜功。就拿治癒虢國太子的事件來說，當時虢國國君十分感激，眾人也紛紛傳說扁鵲有起死回生的絕術。可扁鵲卻實事求是地說：「這個患者並沒有死亡，只不過我恢復了他原來的樣子而已，並不是大家所說的『起死回生』。」這反映出一代名醫高尚的醫德。

扁鵲無私地把自己的醫術傳給了門徒。後來漢代出現的《黃帝八十一難經》一書，便有人認為是扁鵲所著。另外傳說他還曾著有《扁鵲內經》等書，可惜現在已經失傳。

太陽直徑的測量與日食成因的解析

泰勒斯（Thales）是古希臘第一個自然科學家和哲學家，希臘最早的哲學學派 —— 愛奧尼亞學派（Ionian school）的創始人。

米利都是地中海東岸小亞細亞地區的希臘城邦，位於門德雷斯河口，地處東西方往來的交通要道，是手工業、航海業和文化的中心。它比希臘其他地區更容易吸收巴比倫、埃及等東方古國累積下來的經驗和文化。

泰勒斯生於米利都。他的家庭屬於奴隸主貴族階級，所以他從小就受到了良好的教育。長大以後，泰勒斯成為古希臘著名的哲學家、天文學家、數學家和科學家。他招收學生，建立學園，創立了米利都學派。他不僅是當時自發唯物主義的代表，同時也是較早的科學啟蒙者。

泰斯勒生活的那個時代，整個社會還處於愚昧落後的狀態，人們對許多自然現象理解不了。泰勒斯總想著探討自然中的真理。

泰勒斯早年是一個商人，曾到過不少東方國家，學習了古巴比倫觀測日食、月食和測算海上船隻距離等方面的知識，了解到腓尼基人英赫・希敦斯基探討萬物組成的原始思想，知道了埃及土地丈量的方法和規則等。他還到過美索不達米亞平原，在那裡學習了數學和天文學知識。以後，他從事政治和工程活動，並研究數學和天文學，晚年轉向哲學。他幾乎涉獵了當時人類的全部思想和活動領域，獲得崇高的聲譽，被尊為「希臘七賢之首」。實際上七賢之中，只有他稱得上是一個淵博的學者，其餘的都是政治家。

在天文學方面，泰勒斯做了很多研究，他對測量和計算了太陽的直徑，他宣布太陽的直徑約為日道的七百二十分之一。這個數字與現在所測得的太陽直徑相差很小。他在計算後得知，依照小熊星航行比按大熊星航行要準確得多，他把這一發現告訴了那些航海的人。透過對日月星辰的觀察和研究，他確定了三百六十五天為一年，這些發現都是在當時沒有任何天文觀測設備的情況下完成的。

在天文學領域，泰斯勒更為人們所津津樂道的是他正確地解釋了日食的原因，並曾預測了一次日食，制止了一場戰爭。

當時，米底王國與兩河流域下游的迦勒底人聯合攻占了亞述的首都尼尼微，亞述的領土被兩國瓜分了。米底王國占有了今天伊朗的大部分，準備繼續向西擴張，但受到利底亞王國的頑強抵抗。兩國在哈呂斯河一帶展開激烈的戰鬥，接連五年也沒有決出勝負。

戰爭帶來了災難，平民百姓們流離失所。這時，泰勒斯預先推測出某天有日食，揚言上天反對人世的戰爭，某日必以日食作警告。當時沒有人相信他，後來果然不出所料。西元前五八五年五月二十八日，當兩國的將士們短兵相接時，天突然黑了下來，白晝頓時變成黑夜。交戰的雙方驚恐萬分，於是馬上停戰和好，兩國後來還互通了婚姻。

這次戰爭的結束，當然還有政治、經濟等方面的原因，日食只是一個「藥引」的作用。不過，人們更為關心的是另一個重要的問題，泰勒斯是怎樣預知日食的呢？

後人做過種種推測和考證，一般認為是應用了迦勒底人發現的沙羅週期（Saros）。一個沙羅週期等於兩百二十三個朔望月，即六千五百八十五日或十八年零十一日（若其間有五年閏年則是十八年零十日）。日月運行是有週期性的，日月食也有週期。日食一定發生在朔日，假如某個朔日有日食，十八年十一日之後也是朔日，而日月又大致回到原來的位置上，因此很有可能發生類似的現象。

不過一個週期之後，日月位置只是近似相同，所以能看見日食的地點和日食的景象都可能有所變化，甚至根本不發生日食。泰勒斯大概知道西元前六〇三年五月十八日有過日食，所以僥倖猜對了。當然關於這件事，還有一些別的說法，沒有統一的定論。

泰勒斯在數學和天文學領域的突出成就，贏得了世人的廣泛關注。因為人類歷史上很少有這樣成績斐然的科學家，所以，人們尊稱他為「科學之祖」。

阿基米德定律的提出與驗證

在古希臘敘拉古城，有一天，人們忽然看見大學者阿基米德（Archimedes）竟然光著身子衝出浴室，邊跑邊嚷：「找到了！找到了！」他瘋了嗎？沒有。他是在洗澡時在水盆裡受到啟發，發現了流體靜力學的基本原理，從而找到了銀匠在金王冠裡摻銀的祕密。他是為此而興奮得忘乎所以了。

事情是這樣的：敘拉古國王艾希羅曾交給金匠一塊黃金，讓他做一頂王冠。王冠做成後，國王拿在手裡覺得有點輕。他懷疑金匠摻了假，可是金匠以腦袋擔保說沒有，並當面拿秤來秤，結果與原來的金塊一樣重。國王還是有些懷疑，可他又拿不出證據，於是把阿基米德叫來，要他來解決這個難題。回家後，阿基米德閉門謝客，冥思苦想，但百思不得其解。

一天，他的夫人逼他洗澡。當他跳入池中時，水從池中溢了出來。阿基米德聽到那嘩嘩嘩的流水聲，靈感一下子冒了出來。於是他從池中跳出來，連衣服都沒穿，就衝到了街上。原來，阿基米德由澡盆溢水找到了解決王冠問題的辦法：相同質量的相同物質泡在水裡，溢位的水的體積應該相同。如果把王冠放到水裡，溢位的水的體積應該與相同質量的金塊的體積相同，否則王冠裡肯定摻了假。

阿基米德跑到王宮後立即找來一盆水，又找來同樣重量的一塊黃金，一塊白銀，分兩次泡進盆裡，白銀溢位的水比黃金溢位的幾乎要多一倍，然後他又把王冠和金塊分別泡進水盆裡，王冠溢位的水比金塊多，顯然王冠的質量不等於金塊的質量，王冠裡肯定摻了假。在鐵的事實面前，金匠不得不低頭承認，王冠裡確實摻了白銀。煩人的王冠之謎終於解開了。

這次實驗的意義遠遠大過查出王冠摻假的祕密。阿基米德從中發現了一條原理：即物體在液體中減輕的重量，等於他所排出液體的重量。這條原理後人以阿基米德的名字命名。一直到現代，人們還在利用這個原理測定船舶的載重量。

西元前二八七年，阿基米德誕生於西西里島的敘拉古。他出身於貴族，與敘拉古的赫農王有親戚關係，家庭十分富有。阿基米德的父親是天文學家兼數學家，學識淵博，為人謙遜。他十一歲時，藉助與王室的關係，被送到古希臘文化中心亞歷山大里亞城去學習。

亞歷山大位於尼羅河口，是當時文化貿易的中心之一。這裡有雄偉的博物館、圖書館，而且人才薈萃，被世人譽為「智慧之都」。阿基米德在這裡學習和生活了許多年，曾跟很多學者密切交往。他在學習期間對數學、力學和天文學有濃厚的興趣。在他學習天文學時，發明了用水力推動的星球儀，並用它模擬太陽、行星和月亮的運行及表演日食和月食現象。為解決用尼羅河水灌溉土地的難題，它發明了圓筒狀的螺旋抽水機，後人稱它為「阿基米德螺旋」。

阿基米德在力學方面的成績最為突出，他系統性並嚴格地證明了槓桿定律，為靜力學奠定了基礎。在總結前人經驗的基礎上，阿基米德系統性地研究了物體的重心和槓桿原理，提出了精確的確定物體重心的方法，指出在物體的中心處支撐起來，就能使物體保持平衡。阿基米德曾說過：「假如給我一個支點，我就能撬動地球。」

阿基米德確定了拋物線弓形、螺線、圓形的面積以及橢球體、拋物面體等各種複雜幾何體的表面積和體積的計算方法。在推演這些公式的過程中，他創立了「窮竭法」（Method of exhaustion），即我們今天所說的逐步近似求極限的方法，因而被公認為微積分計算的鼻祖。他用圓內接多邊形與外切多邊形邊數增多，面積逐漸接近的方法，比較精確地求出了圓周率。面對古希臘繁冗的數字表示方式，阿基米德還首創了記大數的方法，突破了當時用希臘字母計數不能超過一萬的局限，並用它解決了許多數學難題。阿基米德被後來的數學家尊稱為「數學之神」，在人類有史以來最重要的三位數學家中，阿基米德占首位，另兩位是牛頓和高斯。

阿基米德在天文學方面也有出色的成就。除了前面提到的星球儀，他還認為地球是圓球狀的，並圍繞著太陽旋轉，這一觀點比哥白尼的「日心說」要早一千八百年。限於當時的條件，他並沒有就這個問題進行深入系統性的研究。但早在西元前三世紀就提出這樣的見解，是很了不起的。

在阿基米德晚年時，羅馬軍隊入侵敘拉古，阿基米德指導同胞們製造了很多攻擊和防禦的作戰武器。當侵略軍首領馬塞勒塞率眾攻城時，他設計的投石機把敵人打得落花流水。他製造的鐵爪式起重機，能將敵船提起並倒轉。

另一個難以置信的傳說是，他曾率領敘拉古人民手持凹面鏡，將陽光聚焦在羅馬軍隊的木製戰艦上，使它們焚燒起來。羅馬士兵在這頻頻的打擊中已經心驚膽顫，草木皆兵。一見到有繩索或木頭從城裡扔出，他們就驚呼「阿基米德來了」，隨之抱頭鼠竄。

羅馬軍隊被阻入城外達三年之久。最終，於西元前二一二年，羅馬人趁敘拉古城防務稍有鬆懈，大舉進攻闖入了城市。此時，七十五歲的阿基米德正在潛心研究一道深奧的數學題。一個羅馬士兵闖入，用腳踐踏了他所畫的圖形，阿基米德憤怒地與之爭論，殘暴無知的士兵舉刀一揮，一位璀璨的科學巨星就此隕落了。

麻醉劑的發現及其臨床應用

華佗，東漢時期醫學家。他發明了全身麻醉藥「麻沸散」，比歐洲發明的麻醉劑要早一千六百年；他提出了預防醫學的思想，首創了健身的「五禽戲」。

華佗是沛國譙郡人，醫術高明。如今人們稱讚某個醫生醫術高明，常用「華佗再世，妙手回春」來形容，這充分表明了華佗的醫術在人們心目中的地位。難能可貴的是，華佗醫術全面，內、外、婦、兒、針灸科科精通，尤其擅長外科。他曾著有《青囊經》三卷，可惜已經失散。

華佗生活的年代，軍閥割據混戰，民不聊生。他小時候看到人們因為一點小病就喪生，感到非常的痛惜。於是從小就立志學醫，為病人解除痛苦。他學習非常刻苦，不僅習文作詩，還抽時間研習醫書，每天看書到深夜。成人後，華佗的文章詞句寫得十分精彩，醫術也逐漸嶄露頭角，於是不斷有人推薦他去做官。沛國相陳矽推薦他當孝廉，太尉黃琬徵聘他去做官，都被他一一婉言拒絕。他無意步入仕途，官場裡勾心鬥角的現象讓他感到深惡痛絕；他最大的理想是遊歷四方，為人看病，不分貧富貴賤。

華佗在醫學上的最大成就是發明了麻沸散，這在進行外科手術時極大地減輕了病人的痛苦。早在漢朝以前，就有人發現了某些具有麻醉功能的藥物，但並沒有廣泛運用於外科手術。華佗認真總結了前人的經驗，反覆研究這些藥物的成分、功效，多次實驗，終於發明了一種中藥麻醉劑，取名為麻沸散。這種藥採用酒服的方法，可以達到全身麻醉的目的。此後，華佗在進行外科手術時大都採用麻沸散，效果極佳。

有一天，幾個壯漢抬著一個男子急匆匆地來找華佗看病。病人雙手緊捂肚皮，額冒冷汗，並高喊著：「痛死了，痛死了！」華佗趕忙為他切脈診斷，很快找到了病因。華佗想為他採取保守治療的方法，扎了他幾針，又讓他當即吞服了幾粒小藥丸。幾分鐘之後，病人的叫喊聲沒有了。

可是過了沒多久，病人又高呼「痛死人了！」在一旁陪伴的他的妻子嚇得大哭起來。華佗知道，保守治療沒有用，只能透過手術了。他對病人的妻子一字一句地說：「你丈夫患了闌尾病，只得切開肚子，割去有病的腸子，才能從根本上解除痛苦。」

病人妻子一聽說要剖肚切腸，連連搖頭說不行，問還有沒有其他的方法。因為在那個年代，人們認為「身體髮膚，受之父母，不敢毀傷，孝之始也」。華佗耐心地對她說：「現在已經沒有其他更好的方法了，只得動手術。否則，病人很快會痛死。這種手術我以前做過，只要給他喝一碗麻沸散，再動刀他就不會有任何疼痛感了，而且也不會有生命危險，你儘管放心。」

病人的妻子見到了這種地步，只得同意動手術了。華佗讓病人喝了麻沸散後不久，藥力開始發揮作用，病人昏沉沉地睡過去了。華佗不慌不忙地用煮沸消毒過的刀切開病人的肚皮，然後切除潰爛了的闌尾，吸去腹內的膿血，再用事先配製好的藥水洗淨患部。最後將切口縫合，敷上了藥膏。

一切如華佗預料的那樣順利，幾個時辰之後，病人逐漸醒了過來，痛苦顯著地減輕了。四五天後，病人肚子上的傷口開始癒合。一個月後，病人完全恢復了健康，如病前一樣行動自如了。

雖然割闌尾在今天看來只不過是一個小小的外科手術，但在一千八百年前，卻是史無前例、難以想像的。華佗發明麻沸散並用於手術，是一項了不起的成就。

自古以來，醫生都是切脈治病，很少有人會去關心怎樣防止疾病發生，而華佗創造性地提出了健身的預防思想，這是史無前例的。

透過長期的實踐摸索，結合病人的發病原因，華佗專門創造了一套名叫「五禽戲」的醫療體操。它模仿虎的前肢撲動；鹿的頸脖伸轉；猿的腳尖縱跳；熊的仆倒站起；鳥的展翅飛翔等動作，把這五種動作連起來，就可以使全身各關節、各部位都得到適當活動，有益於強身健體。他對弟子吳普說：「人體應該經常運動，這樣會有助於消化，使血脈暢通，人體就不易得病。這與流水不腐、戶樞不蠹是同樣的道理。當然勞動要適度，過於勞累會使人生病。」後來，吳普和華佗的另外一位弟子長期堅持練習五禽戲，年逾八十仍耳聰目明，齒全牙堅。

據說，曹操患了頭風病（即今天所說的三叉神經痛），這種病經常發作，他便召華佗到許昌來給他治病。但是這種病不能根除，只能當時治好，因此曹操就不想讓他走。但華佗的理想是為天下人治病，不想專門為曹操一人服務。後來他找了一個藉口，謊稱妻子病了，要回故里。回家後，華佗再也不想到許昌曹操那兒去。曹操幾次召他不至，一氣之下把他給殺了。

一代名醫就這樣消失了，為中醫學留下了永久的遺憾。但華佗留給後人的寶貴的醫學財富和精神財富將萬代相傳。

祖沖之對圓周率的研究與突破

祖沖之，南北朝時期著名的數學家、天文學家。他是世界上將圓周率精確到小數點後七位的第一人，這一研究發現比西方早了一千一百多年。

祖沖之字文遠，原籍范陽遒縣，後來為了躲避北方戰亂，祖先遷居江南。他出生於一個士大夫家庭，父親和祖父對天文、曆法都很有研究。祖沖之受家庭的影響，從小就熱愛科學。成人之後，祖沖之決定致力於圓周率的研究，計算出更加準確的圓周率。

圓是自然界中最常見的幾何圖形，許多物體都是圓形。可是怎麼計算圓的周長和面積呢？古人很早就進行了研究和探索。古人發現圓的周長與直徑的比是一個常數，稱為圓周率。如果能準確地求出圓周率，再用直尺量出直徑的長度，圓的周長和面積就容易求出來了。圓周率到底是多少呢？古代有一本算書叫《周髀算經》，這是中國最早的數學著作之一。書中提出了「徑一周三」的概念，這個圓周率稱為古率，這當然太粗略了。兩漢末年的劉歆求出圓周率的值為三點一五四七。東漢張衡計算出的圓周率為三點一六二二。三國末年劉徽創造出包含有極限思想的「割圓術」，計算出了內接正一百九十二邊形的周長和面積，得出圓周率為三點一四。後來他又計算出圓內接三千零七十二邊形的周長和面積，得出圓周率為三點一四一六（一千二百五十分之三千九百二十七）。

祖沖之認為前人的這些計算結果還是太粗略了，誤差很大。但他並沒有蔑視前人的研究成果，而是認真地研究與思考他們的研究方法。後來，他在前人研究成果的基礎上，革新計算圓周率的方法，這種新的計算方法被命名為「綴術」。運用此方法，祖沖之比較精確地計算出了圓周率在三點一四一五九二六到三點一四一五九二七之間，並用七分之二十二（疏率）和一百一十三分之三百五十五（密率）這兩個分數值來表示。這是當時世界上最先進的圓周率。西方直到西元一五七三年才由德國奧托較為精確地計算出圓周率，比祖沖之晚了一千一百多年。

祖沖之準確地計算出圓周率後七位數字以後，很快在實踐中得到了運用。他自己曾用他的圓周率研究過度量衡的問題，並用於鑑定古量器的計算。北周武帝保寶元年（西元五六一年）所製的玉斗就是以三點一四一五九二六為圓周率計算出來的。祖沖之將他的研究成果寫成了《綴書》一書。隋唐時期，《綴書》一直是數學教育的基本內容之一。可惜後來因為戰亂該書失傳了，這是中國數學史上的一大損失。

除了數學外，祖沖之在天文學上也頗有建樹。由於從小就受到祖父和父親的影響，祖沖之學到了一些天文學方面的知識。長大後他興趣不減，經常進行實際測量和推算。他曾說過：「親量圭尺，躬察儀漏，目盡毫釐，心窮籌策。」意思是說，他經常親自觀察測量日影長短的圭尺，用以校訂節氣，測定一年的時間到底有多長；也常常親自檢視古代計時用的器具「漏刻」，從而證實日月星辰的升落時辰；他還經常擺弄用於觀測、計量實驗和檢驗的各種儀器。祖沖之有著嚴謹的治學態度，每次觀察，他都非常認真，盡量避免任何細小的誤差，在此基礎上認真進行思考、計算，想出解決問題的辦法。

祖沖之將他在天文曆法上的觀測數據和其他數據作了認真的整理，自己摸索出一些規律。他發現傳統的《元嘉曆》中有很多錯誤，於是根據自己的觀察做了修改，編成了一本新曆法——《大明曆》，並向朝廷上奏，希望在全國推行。當朝皇帝是宋孝武帝劉駿，他自己不懂曆法，於是召集了一些懂得曆法的大臣在金殿上進行「廷議」，號令祖沖之參加，讓他與大臣們就兩種曆法的優劣進行辯論。

西元四六二年的一天，一場關於曆法的大辯論展開了。雙方的代表人物是祖沖之和戴法興。戴法興首先提出：「日有恆度，宿無改位，這是萬世不變的，你並無變法之理。」

祖沖之馬上反駁道：「舊曆法十九年七閏，每二百年就會相差一天，如果改用大明曆，每三百九十一年設一百四十四個閏月，就能與天數符合了。」他又接著說道：「舊曆法的夏至和冬至都比天象早，五星（金、木、水、火、土）的出現和隱伏也比實際天象差四十多天。曆法不符合天象，當然要改革。」

「日月星辰的長落，自有其天數，非凡夫所能測定。」戴法興不甘心自己的失敗。

「日月星辰皆有形可檢驗，有數據可以推算，並非出於神性，怎麼能說凡夫不能測定呢？在下十多年的觀測發現每年夏至與冬至的圭尺都沒有誤差。」他又轉身向宋孝武帝道:「據臣推算，每四十五年十一個月要後退一度。」

「你這是削閏壞章，誣天背經。」戴法興有些惱羞成怒了。

「商朝時的曆法是三年一閏，周朝時改為五年二閏，春秋中葉起，才確定十九年七閏，難道他們是削閏壞章嗎？至於曆法，在《元嘉曆》之前已經有《太陽曆》，後來才改的，這是不是也是誣天背經呢？」

辯論最終以祖沖之的大獲全勝而告終。經過進一步的研究，證實了《大明曆》的科學性。於是宋孝武帝頒布詔書，通令全國於西元四六五年起改行新曆。遺憾的是宋朝不久就發生了戰亂，《大明曆》實際上並未推行。祖沖之死時仍沿用《元嘉曆》。

梁武帝時，祖沖之的兒子祖日桓上奏朝廷，請求皇帝下令後用《大明曆》。梁武帝派人深入研究，證實了《大明曆》的優越性後，頒令於西元五一〇年起施行《大明曆》。祖沖之在天文學上的成就最終得到了認可。

宇宙結構的認知與科學證明

古代人最感興趣的是日月星辰是怎麼構成、如何運動的。托勒密（Ptolemy）是第一個系統性研究這些問題並做出成就的科學家。

托勒密生活的時代是古希臘後期，當時羅馬人占領了許多希臘城邦，希臘的科學文化迅速向外傳播。托勒密就出生在深受希臘文化影響的埃及城市托勒密城中。

托勒密在繼承亞里斯多德等人學說的基礎上，透過大量的天文觀測和大地測量，創立了宇宙結構學說，寫成了十三卷本的鉅著《天文學大成》（*Almagest*）。書中，他把前人提出的地球是宇宙中心的觀點，進一步發揮和系統性總結。托勒密的行星體系學說，肯定了大地是一個懸空的沒有支柱的球體，並且從恆星天體中區分出行星和日、月是離我們較近的一群天體，邁出了把太陽系從眾星中辨識出來的關鍵一步。托勒密經過系統性的天文觀測和計算，編製成包括一千零二十八顆恆星的位置表，測算出月球到地球的平均距離為二十九點五倍地球直徑，這個數值在古代是相當了不起的。這樣有規律的行星體系是托勒密學說的核心和精華，對推動人類文明進步有著巨大的作用。

托勒密博學多才，有許多著作流傳後世。除了天文學外，他還是位數學家、光學家、地理學家和地圖學家。在他之前，地圖上的東面只畫到印度的恆河為止，而他繪製出了一幅從中國到西歐、從俄國到埃及的世界地圖。托勒密對光的折射進行了卓有成效的研究，總結出入射角和折射角成正比。他還用數學方法繼續進行研究，已經走到折射定律的面前，可惜未發現它。結果折射定律直到十七世紀才由荷蘭數學家司乃耳 (Snell) 發現。

地球科學的實測與開創性研究

一行和尚，俗名張遂，唐弘道元年（西元六三八年）生，開元十五年（西元七二七年）卒。

一行是歷史上著名的天文學家，青年時期便出家做了和尚，一行是其法名。

一行從小聰慧過人，勤讀苦學，對天文曆法有著特別的興趣。西元七〇五年，一代女皇武則天的姪子武三思敬仰一行的學問，可是一行不屑與這樣的權貴之人結交，只好棄家出逃，於嵩山削髮為僧。西元七一二年唐玄宗即位，召一行回長安主持曆法的修訂工作。一行生活在封建經濟、文化迅速發展的盛唐時期，由於經濟的飛速成長，社會生產、科學技術也隨之得到了很大的發展與進步。

在曆法的修訂上，一行繼承和發展了中國天文學上的優良傳統，在日月五星運行的基礎上編製了新曆。為了便於觀測，他和機械製造師梁令瓚合作，製造出了新的天文儀器，一件是黃道遊儀，用來測量太陽運行軌道;一件是渾天銅儀，用來表示日月星辰的運行週期。

一行設立了十二個觀測點，進行日影測量工作。在擁有了大量的實際數據之後，他重新測定了一百五十多顆恆星的位置，並推翻古書上的定論，證明恆星的位置並不是永恆不變的。這是天文學歷史上最早的發現。

一行經過十年的努力，編出了一部當時最為精確的曆法——《大衍曆》。其內容具系統性、結構合理、邏輯嚴密，因此在明朝末年以前一直沿用。可見，它在中國曆法上占有很重要的地位。

為了使曆法能普遍適用於全國各地，一行和太史監南宮說組織實測了子午線的長度，測量地點多達十三處，以今河南省為中心，北起鐵勒，南達林邑，測量範圍之大是前所未有的。測量的內容包括二分（春分、秋分）、二至（冬至、夏至）正午時分八尺之竿（表）的日影長，北極高度（天球北極的仰角）以及晝夜的長短等等。這是世界上第一次用科學的方法進行子午線實測，意義是極其重大的。

為了測量北極仰角，一行設計了一種叫「覆矩」的測量工具，還根據觀測數據繪製了〈覆矩圖〉二十四幅。一行設計的這種測北極高度（即地理緯度）的工具——「覆矩圖」，在當時世界上是一種最先進的經緯度測量工具。可惜「覆矩圖」後來沒能推廣，特別是沒有應用於中國地圖的測繪。

一行等人測量的數據表明，從河南的滑縣到上蔡，北極高度差一度半，南北距離是五百二十六里二百七十步，夏至日影相差兩寸多。從而糾正了「南北地隔千里，影長差一寸」的傳統說法，並測出地球子午線一度之長為一百五十一點零七公里。雖然不十分精確，卻是世界上大規模測量子午線的開端。開創了中國透過實測了解地球的道路，把地球緯度測量和距離結合起來，為天文大地測量的發展奠定了基礎。國外最早實測子午線的是阿拉伯阿·馬蒙在西元八一四年進行的，晚於中國九十年。

孫思邈發現中醫藥學的價值

孫思邈（約西元五八一至六八二年），京兆華原人，自幼體弱多病，為延醫治病，幾乎耗盡家產。孫思邈因深受疾病之苦，自幼即萌發了立志從醫的抱負。唐代科舉盛行，重科舉成名，並不以醫學為意。孫思邈卻不然，他熱愛醫學，不以醫學為賤業，並且博閱群書，勤學苦練，從青少年時代就立志把畢生精力貢獻給醫藥事業，孫思邈拒絕了隋文帝給他的國子博士的官職，謝絕了唐太宗授給他的爵位，唐高宗拜他為諫議大夫，他再次辭謝。為行醫採藥，孫思邈足跡遍四方。孫思邈對當時儒士書生專意科舉成名而賤視行醫行業的風尚十分不滿，認為「朝野士庶，醫治之術闕而弗論，吁可怪也。」孫思邈從國計民生的角度批評當時重科舉功名而輕醫術的風氣，說明他把醫學當作有關國計民生的大計來了解。

身為一個醫生，孫思邈發揚了古代醫生講究醫德優良傳統。孫思邈特別鄙視那些「恃己所長，專心細略財物」，或者偶有成績就驕傲自矜，以為「天下無雙」的淺薄的醫生。他認為醫生應公而無私，應謹慎謙虛。這種高尚的醫德，孫思邈是一生言傳身教，躬身力行的。

孫思邈善於學習總結前人的經驗。他曾認真鑽研古代的醫書《內經》、《傷寒雜病論》、《神農本草經》等，從中汲取了豐富的醫藥學知識。孫思邈注重向人民學習，注重在實踐中學習，他的足跡踏遍許多名山，他的身影經常出現在民間，他從民間學到了許多醫藥知識和經驗。當發現別人有好的醫方，孫思邈「不遠千里，伏膺取決」，一定把好的醫方弄到手才肯罷休。這種刻苦好學、虛心求教的態度使他的醫藥學知識很快有了大幅度提高。

孫思邈還十分重視醫藥學知識的普及工作，他主張人人都應當掌握一定的醫藥學知識，這樣「上以療君親之族，下以救貧賤之厄，中以保身長全。」為了展開普及工作，孫思邈認為應當編一部簡易實用的醫藥書。於是他遍檢歷代醫學典籍，結合自己臨床經驗，參照民間驗方，寫作《備急千金要方》。永徽三年（西元六五二年），孫思邈已年近七十，《備急千金要方》才編撰成功。這是一部包括中醫基礎理論和臨床各科的診斷、治療、針灸、食治、預防、衛生等各方面醫學知識的醫藥衛生書。全書計三十卷，編為二百三十二門，共收載方論五千三百首。它以人體的臟腑進行分類，已接近於現代醫學的分類方法。之後，孫思邈又不斷總結自己的經驗，進一步蒐集和整理民間藥方，研究古代醫藥典籍，繼續從事醫藥學的編著工作。永隆二年（西元六八一），已是百歲老人的孫思邈，仍完成了《千金翼方》的編著工作。《千金翼方》是《千金要方》的補充，偏重記述本草、傷寒、雜病、中風、瘡痛等病，收載當時所用藥物八百七十三種，詳細記述了二百三十三種藥物的採集和炮製方法。孫思邈一生行醫採藥七八十年，對中藥的了解冠絕當時，被人稱為「藥王」。《千金要方》和《千金翼方》，「相輔相濟，比翼齊飛」，成為中醫學史上極有實用價值的醫藥學備用手冊。孫思邈為人治病，認為「人命至重，有貴千金」，所以用「千金方」來為自己的醫藥書命名，可見他編書的深刻用意。

孫思邈是一位具有革新精神的醫學家。他在論病、用方、用藥等方面，雖然注重參照古代醫經，但卻並不拘泥死守，而是善於結合自己的經驗，兼取各家之長，能夠衝破傳統，大膽創新。他看病總是「精問察之」，「至意深心，詳察形候，纖毫勿失；處判針藥，無得參差。」形成了自己嚴謹的診療作風。孫思邈博採眾家，以成「一家之學」，開創中醫學史上一代新風。

孫思邈行醫特別重視常見病和多發病的診療。他發現山區人民易得癭瘤（粗脖子病，即甲狀腺腫大），經過觀察分析，他指出這種病是由於長期飲用了山中一種不潔淨的水引起的，他用昆布、海藻、鹿靨、羊靨等含碘較多的藥物來治療這種病，取得了好效果。孫思邈詳細記述了腳氣病的症狀和治療方法，這比歐洲醫學家論述腳氣病大約早一千年（歐洲人首次論述腳氣病是在西元一六四二年）。

孫思邈對婦女和兒童的疾病也特別重視。他認為：「生民之道，莫不以養小為大，若無小則不能成大」，認為婦女與男人不同，有胎妊、生產、崩傷的特殊區別。正是從婦女、兒童的重要地位和特殊性出發，孫思邈在《千金方》中首列婦科，兒科;「先講婦人、小兒，然後再論成人和老年的疾患。」其中許多方面至今仍可作為現今婦幼保健、產婦幼兒護理的借鑑。

另外，孫思邈對衛生保健、疾病預防工作也很重視。孫思邈主張人應參加勞動，但不要勞累過度；不要放縱情慾；不要貪味過飽，不可飲酒過量，不隨地吐痰，養成良好的衛生和飲食習慣，要加強體育運動，以積極地預防疾病的發生。

孫思邈不僅是一位多所建樹的偉大的醫藥學家，而且也是一個有作為的煉丹家。在《丹經內伏硫黃法》中，孫思邈記錄了火藥的配方。火藥是古代煉丹家對人類作出的貢獻，是中國四大發明之一。孫思邈的《丹經內伏硫黃法》所記火藥配方是現存最早火藥配方的紀錄。

沈括對地磁偏角現象的觀察

宋代，科學技術再次達到了輝煌的巔峰。沈括由於在自然科學上的重大貢獻，被後人稱之為「東方的牛頓」。

在元代以前，中國在科學界做出重大貢獻的、在世界科學史上稱得上第一流的科學家一直是層出不窮的：從春秋戰國到秦漢時期著名的大科學家有神醫扁鵲、墨子、魯班、甘公、石申、張衡，從三國、魏晉到盛唐、兩宋有劉徽、祖沖之、一行、沈括、秦九韶、楊輝等多人。

從春秋戰國到宋元之際，古代的自然科學終於達到了最輝煌的巔峰。

宋代最傑出的科學家就是沈括，由於他在科學上的重大貢獻，人們稱他為東方的牛頓。沈括西元一〇三〇年生於杭州。沈括的父親是北宋的一個官員，先後在四川、福建、河南、江蘇等地做過官。沈括從小就跟著父親走南闖北。俗話說:「讀萬卷書，不如行萬里路」。壯麗的山河，廣闊的原野，使他增長了許多書本上沒有的知識。沈括喜歡讀書，但從不迷信書本。他善於獨立思考，因而在天文、物理、地學及其他領域都有獨到的見解。

沈括在天文學上的貢獻是首屈一指的，他在北宋嘉佑年間考中進士後，就開始自學天文曆法。由於他學識過人，不久就被調到朝中，主持司天監的工作。他發現以往的曆法不夠準確，因此，主張在實測日、月、星、辰的運轉角度的基礎上制定新曆法。在他的《夢溪筆談》中不僅對日、月及五大行星的運行軌跡做了仔細的觀察，而且還對隕石的墜落等天文現象進行了生動、詳細的描述。

沈括的天文觀測相當精確，他是世界上最早注意到北極星實際上並不在北極的科學家。為了測到北極星的實際位置，他每天用渾天儀觀測北極星，並將每天前半夜、半夜、後半夜北極星在天空中的位置的星空圖繪製下來。緊張地工作了三個月，他終於計算出了北極星的實際位置，北極星並不在北極點上，而是距離北極還有一度多。沈括在對日、月和五大行星的實際觀測的基礎上提出了徹底廢止陰曆而改用陽曆的主張，並且提出以十二節氣定月分，大月三十一天，小月三十天。這種進步的曆法與今天的公曆比也毫不遜色。可惜在當時沒能推行開。

沈括在地磁學上也做出了極其重要的貢獻。他是世界上最早發現了地磁偏角的科學家。在《夢溪筆談》中，他記載了這一重大發現：「用磁石去磨針尖，針尖就指向南方，不過常常略微偏東，並不完全指向正南。」這就是說，他已經發現了地磁偏角。在西方直到西元一四九二年哥倫布航海時才發現了地磁偏角，但是，已經比沈括晚了四百多年。

沈括還是一個偉大的數學家，在他的《夢溪筆談》中，專門著有研究數學章節，並且開創了高階等差級數的研究方向，給出了世界上最早的對高階等差數列求和的公式，比西方領先了好幾個世紀。

更為重要的是，在他的《夢溪筆談》中記載了大量古代技術方面的發明創造，例如：畢昇的活字印刷術，指南針的製作方法。還有其他許多科學技術上的重大成果都是由於沈括的記載，今天才得到世界的公認。

沈括早年為官順利，到了晚年因受別人牽連，免官後閒居潤州，由於政治上不得志，才在夢溪園著書立說，《夢溪筆談》就是因此而得名的。很難設想，如果沈括一生為官順利，將造成中國古代科學技術史上多麼嚴重的損失！

西元一〇九五年，沈括去世了，一顆科學的巨星隕落了。

古代對恆星的觀測與重要發現

宋元時期天文學的研究達到了一個新的巔峰。

宋代的天文學成就在中國歷史上是首屈一指的。從西元一〇一〇至一一〇六年在官方主持下，共進行了五次大規模的恆星觀測，其中最著名的就是第四次觀測，因為這次的觀測結果還引起了轟動世界的新發現。

西元一〇七八至一〇八五年，北宋政府舉辦了對恆星天象的第四次大規模觀測。有個叫黃裳的人根據觀測的結果繪製了一幅星圖送給了當時的太子趙擴，並由趙擴收藏，這就是著名的黃裳原圖。趙擴十分喜歡這張精心繪製的天文圖。靖康之變王朝南渡，這張寶貴的天文圖也隨之到了江南，大約從十三世紀中葉起，在江南風景如畫的歷史名城蘇州的文廟門口就豎起了一石碑。之後，南宋滅亡，元明相替，幾百年過去了，也沒有什麼人注意過這塊古老的石碑。這塊古老的石碑高兩公尺左右，寬約一公尺，碑上刻著一個大圓盤。盤上是許多被線連在一起的小點點和一些稀奇古怪的文字，這就是西元一二四七年左右一個叫王致和的人根據黃裳繪製的原圖刻成的天文影像。在這幅聞名世界的蘇州石刻天文圖上，刻有北宋第四次大規模天文觀測的結果——一千四百三十顆恆星。它是中國天文學史上，也是世界天文學史上的珍寶。

宋元時期最著名的天文學家是元朝的郭守敬，他從小喜歡讀書，喜歡觀察各種自然現象，對天文學尤其感興趣。他自己還製造了一些儀器，如用竹篾做的渾儀來觀察天象，為後來天文儀器的發明和創造打下了基礎。

西元一二七六年，元朝政府下令修訂曆法，郭守敬參加了這個工作。他本著實事求是的科學態度，提出在修訂曆法前應對天象進行一次大規模的觀測，官方採納了他的這一建議。這次許多人參加的大規模天象觀測活動使中國天方學史上記錄的恆星數量由一千四百三十顆增加到兩千五百多顆，並把觀測結果也製成了星圖，遺憾的是這幅星圖沒能保存下來。

在觀測天象的活動中，為了提高精密度，郭守敬在三年之內製成了簡儀、高表、仰儀等十三種天文儀器。為了在外地觀測，他又創製了一套攜帶方便的天文儀器，還製作了仰規覆矩圖、導方渾蓋圖等五種圖，與儀器互相參照使用。

郭守敬創製簡儀，是對渾儀的大膽革新。渾儀是古代用來測量日、月和星星位置的主要天文儀器。但是結構複雜，轉動不靈便，且圓環很多，遮掩了一部分星星，不利於觀察。簡儀的功用和渾儀相同，但結構簡單，刻度精密，為了旋轉順利，還裝了滾球軸承，比歐洲應用滾球軸承早了將近二百年。郭守敬製造的天文儀器，精巧和準確程度都超過了前人。清朝初年，西方的傳教士湯若望來中國，見到郭守敬創造的天文儀器非常敬佩。他尊稱郭守敬為「中國的第谷」。第谷（Tycho）是十六世紀歐洲著名的天文學家。也製造許多天文儀器。但他卻比郭守敬晚三百多年。

應用這次觀測的數據，郭守敬花了兩年多的時間修成了一部新曆法——《授時曆》。以往的曆法不滿一日的尾數大多用分數來表示，使計算十分複雜，而郭守敬的《授時曆》改用了小數，他計算出一年為三百六十五點二四二五日，與當今世界上通用的公曆一年的週期相同。《授時曆》是在西元一二八〇年頒布的，比現行的公曆要早三百零二年。

郭守敬在天文曆法方面的著作有十四種，共計一百零五卷，在古代天文學家中，他是著作最為豐富的一個。

從西元前六世紀的春秋戰國時期到西元十五世紀長達兩千年的時間內，中國在整個科學技術領域，無論是數學、天文學、物理學等理論自然科學方面，還是在應用技術的發明創造上，始終居於世界的領先地位。究其原因，主要是由於中國古代的科學家們普遍享有思想上的自由，從春秋戰國直到宋元時期，在中國始終未能形成像伊斯蘭教、基督教國家那樣的政教合一的神學統治。因此，自先秦以來發達的自然科學和各種學術流派始終沒有像古希臘及中世紀的西方那樣遭受到嚴酷的摧殘。這正是科學發展的最重要的條件。

高次方程消元法的發明與應用

朱世傑，字漢卿，號松庭。燕山人，生卒年不詳，元代著名數學家。

中國在兩漢時期就能解一次方程，古時候稱為「方程術」。到了宋元時期又出現了具有世界意義的成就 —— 天元術。那麼，當未知數不止一個的時候，如何列出高次聯立方程組求解呢？有這樣一道古代數學題：「直田積八百六十四步，只云長闊共六十步，問闊及長各幾步？答曰：闊二十四步，長三十六步」。這就是說，長方形田地的面積等於八六四平方步，長與寬的和是六十步，長與寬各多少步？此題列成方程式即是：$xy=864$，$x+y=60$，其中 x、y 分別表示田的長和寬，這是一個二元二次方程組問題，此題選自南宋數學家楊輝所著《田畝比類乘除演算法》一書。這說明，宋代數學家就已對多元高次方程組有了研究。那麼，有沒有三元三次方程組，四元四次方程組呢？當然有。早在宋、元時期，中國數學家就圓滿地解決了這個問題。

元代數學家朱世傑，在與他同時代的數學家秦九韶、李治所創立的一元高次方程的數值解法和天元術的基礎上，進一步發展了「四元術」，創造了用消元法解二、三、四元高次方程組的方法。

朱世傑這一重大發明，都記錄在他的傑作《四元玉鑑》一書中。

所謂四元術，就是用天元 (x)、地元 (y)、人元 (z)、物元 (u) 等四元表示四元高次方程組。朱世傑不僅提出了多元（最高到四元）高次聯立方程組的算籌擺置記述方法，而且把《九章算術》等書中四元一次聯立方程解法推廣到四元高次聯立方程組。四元術用四元消法解題，把四元四式消去一元變成三元三式，再消去一元變成二元二式，再消去一元，就得到一個只含一元的天元開方式，然後用增乘開方法求正根。這和現代解方程組的方法基本一致。

在西方，在十六世紀以前，人們長期把不同的未知數用同一個符號來表示，以致含混不清。直到西元一五五九年，法國數學家彪特才開始用不同的字母 A、B、C……來表示不同的未知數。而中國，朱世傑早在西元一三〇三年就巧妙地解決了這個問題，他用天、地、人、物這四元來表示四個未知數，即相當於現在的 x、y、z、u。

而關於四元高次聯立方程的求解，歐洲直到一七七五年，法國數學家貝祖 (Bezout) 在他的《代數方程式通論》(*General Theory of Algebraic Equations*) 一書中才得以系統性地解決。但這已比朱世傑晚了四五百年。

四元術是中國數學家的又一輝煌成就。它達到了當時世界數學發展的高峰。

哥倫布探索新大陸的偉大發現

西元一四四二年十月十二日凌晨，朝霞滿天，哥倫布（Columbus）率領著他的船隊經過了七十多天的海上航行，到達了美洲的巴哈馬群島。

與自然科學的發展密切相關的最後一個重要因素就是航海與地理大發現。歐洲資本主義萌芽與自然科學的興起是義大利文藝復興中同時降生的一對雙胞胎。這對雙胞胎是一個連體雙胎，誰也離不開誰。自然科學的發展需要資本主義的社會環境和思想自由，而地理大發現與航海一方面為資本主義開闢了廣闊的市場，促進了資本主義生產關係的確立，另一方面也從天文學、地理學、海洋、生物等方面直接促進了自然科學的發展。因此無論是資本主義制度的建立，還是自然科學的復興都離不開廣闊的海洋。

最早的古代世界的文明幾乎無一例外地都是起源於大河流域：古埃及、古印度、古巴比倫和古代中國無不如此。但是從它們中間都沒有直接生長出現代文明來，而比它們晚得多的古希臘文明是依賴那浩瀚的地中海成長起來的。所以只有它才有可能經過歐洲文藝復興重見天日，也只有它才能夠成長為近代科學與文明的參天大樹。事實上，歐洲資本主義制度下的許多東西都是從古希臘人那裡直接搬來的，所以英國著名大詩人雪萊（Shelley）才會說：「我們都是古希臘人，我們的法律、文學、宗教、藝術的根源都在古希臘。」

從此以後，海洋文明就替代了古老的大河文明。

歐洲最早進行遠距離航行的是葡萄牙和西班牙。其中功勳卓著者就是克里斯托弗爾・哥倫布。

一、熱愛船和大海的孩子

克里斯托弗爾・哥倫布於西元一四五一年生於義大利的熱那亞。據說其父母都是移居熱那亞的西班牙人。哥倫布小的時候家境不太好，因此沒有受過什麼正式教育。但是，他勤奮好學，憑著自己的天賦自學到許多知識，為他後來輝煌的事業打下了堅實的基礎。

哥倫布從小有兩個愛好：一是喜歡小船，一是愛讀書。

哥倫布非常喜歡小船，熱愛大海。熱那亞是個繁忙的海港，那水陸交織的景色，那揚帆入海的航船，那來自遙遠的東方的商人，那產自異國他鄉的珍禽怪獸、奇花異草、金銀瑪瑙，引起他強烈的好奇心和事業心：將來一定當個海員，到大海上去遠航。

哥倫布還非常喜歡讀書。儘管他很早就失了學，但是他已經能讀書了，勞動之餘他就一頭扎進了書堆，他讀過許多書，還學會了九國的語言：葡萄牙語、拉丁語等，當然還有西班牙語。在他讀過的書中，他最喜歡的就是那本《馬可波羅遊記》(*The Travels of Marco Polo*)。這是一個叫馬可波羅的威尼斯商人在獄中講述的自身經歷，在這本書中，那個名叫馬可波羅的人敘述了他歷盡艱辛到達東方的經過和大元帝國的皇帝與他的交往。書中還敘述了他在東方的所見所聞，可能是由於馬可波羅越說越高興，後來就信口胡說起來，一直到把中國說成了一個遍地黃金、富庶無比的天堂之國。以致後來有些人對這位馬可波羅是否到過中國都產生了懷疑，不過，小哥倫布卻是毫不懷疑地全盤接受了。

哥倫布為了實現自己的理想，學習了許多知識，研究了許多東西。什麼天文學、地理學、數學等著作，掌握如何利用觀測天空的星象定位的方法，了解風力、風向、風速等方面的知識，還學會如何辨識海圖，為後來的航海事業準備好了扎實的基礎知識。

在艱苦的學習和大海的召喚下，哥倫布一天一天地長大了。

二、美麗的夢想

有一天，哥倫布讀了一本奇怪的書。這就是亞歷山大里亞的著名學者托勒密在西元三世紀前後寫成的《地理學》(*Geography*)，書中托勒密「大地是球形」的觀點，深深地吸引了哥倫布。

當時，由於信仰伊斯蘭教的土耳其鄂圖曼帝國十分強大，橫擋在從歐洲到達東方的道路上，因此東西方的交通不會太方便，所以哥倫布想到：既然大地是球形的，那麼只要從歐洲大西洋的西海岸出發一直向西航行，不是照樣可以到達東方——印度和中國嗎？

於是，哥倫布就把自己的想法寫信告訴了當時義大利著名的數學家、地理學家托斯卡內利（Toscanelli），並且很快收到了這位學者的回信。托斯卡內利在信中鼓勵哥倫布說「你想著手航行並不如人們想像的那麼困難，相反，你決定的航線肯定是沒有錯的！」據說哥倫布航海時使用的海圖就是他繪畫的。有了這位大學者的支持，哥倫布的信心就更足了。遺憾的是，無論是哥倫布還是托斯卡內利，他們都沒有把地球的尺寸搞對。

當時，「地球是圓的」這個觀念還沒有被人們普遍接受，因此地球的尺寸到底有多大就更說不清了。在哥倫布那個時代，地球的周長有三個值：最精確的是古希臘亞歷山大里亞的繆司博物院圖書館館長埃拉托斯特尼（Eratosthenes）計算出來的值，他認為地球的周長大約是二十五萬希臘里。其次是唐代高僧一行和尚實測的值，比實際值還大六分之一左右。最差的是由比埃拉托斯特尼晚兩個多世紀的另一位天文學家波西多留斯計算的地球周長，只有二萬八千公里，比實際值短了三分之一。很不幸托斯卡內利和哥倫布都接受了這個錯誤值（後來牛頓也上過當）。這個錯誤一方面促成了他的航海計畫的實現（托斯卡內利就是在這個前提下認為哥倫布的航行計畫不難實現）。另一方面也差一點使他失去了「發現新大陸」的殊榮。

哥倫布真不愧為海上英雄，為了鍛鍊自己，他很早就到了一個遠方叔父的船上，熟悉大海，熟悉海船，熟悉航海生涯，準備著有一天自己率領船隊在大海上揚帆遠航。

三、首航出師不利

克里斯托弗爾．哥倫布在航海生涯中一直很不幸。

哥倫布先把他的宏偉計畫獻給了熱那亞，希望得到官方的資助到東方航行。但是當時的熱那亞在地中海的商業貿易中失利，財政十分困難，雖然對哥倫布的航海計畫很感興趣卻心有餘而力不足，無法支持哥倫布實現他往西航行直達東方的龐大計畫，哥倫布沒有辦法只好轉向另一個海上強國葡萄牙。

哥倫布來到葡萄牙，向葡萄牙國王約翰二世獻上了他的航海計畫。可約翰二世是個野心勃勃的傢伙，一聽有這麼好的事情，十分高興。但是，他並不想替哥倫布出錢讓他去風光一番，而是想自得全功。他一面和哥倫布談著，一面暗暗籌備好船隊，派自己國家的船長，按哥倫布的計畫啟航了。

海上的事情可不是誰都做得了的，再加上葡萄牙國王派出的這位船長是個大笨蛋，出海不久又遇上了颶風，於是為了保命很快就返航了。這小子不怪自己無能，反而在國王面前進讒言，詆毀哥倫布的航海計畫。約翰二世本也昏聵，就再也不理睬哥倫布了。於是西航東進之舉又一次失敗。

古人言：「福無雙至，禍不單行。」正在哥倫布因遠航成為泡影一籌莫展之際，他那患難與共的妻子又身染重病。雖百般醫治，然而回天乏術，拋下哥倫布和他們年僅五歲的兒子回到她的創造者那裡去了。哥倫布心痛欲碎，但也毫無辦法。由於妻子病逝，計畫泡湯，連生活也成了問題。哥倫布只好攜帶幼子到西班牙去投靠他的姨媽，想先把孩子寄養在姨媽家中，自己再去闖蕩大洋。這次西班牙之行，導致了這位偉大的航海家完成了輝煌的事業。

四、柳暗花明

哥倫布帶著他的兒子從熱那亞先到了西班牙的巴羅斯港。由於天色已晚，不便趕路，父子倆就住進了附近的一座修道院。這修道院院長正是西班牙頗有聲望的人文主義者胡安・佩雷斯。這胡安・佩雷斯學識淵博，思想敏銳，與哥倫布一見如故。聽了哥倫布的宏偉計畫和不幸遭遇，動了俠義心腸，立即動筆寫給西班牙女王伊莎貝拉一封熱情洋溢的推薦信，讓哥倫布去見女王並且把哥倫布的小兒子收養在修道院裡。

哥倫布留下兒子，帶上佩雷斯院長的信，叩見了伊麗莎白女王，並當面陳述了自己的航海計畫。他的計畫一講完，女王的部下就急了，紛紛指責哥倫布違反教義，異想天開。因為按《聖經》的說法，除了亞當的後裔之外，地球上就沒有別人了。因此，地球的「背面」根本沒有人類，所以轉到地球的「背面」去找通往東方的路，純粹是瘋子的想法。但是那女王可不這麼想。這位女王真乃是巾幗不讓鬚眉。她在位期間先統一了整個西班牙，又勵精圖治，使小小的西班牙成了威震歐洲的海上強國。她可沒有聽部下的胡言亂語，而是一邊安頓哥倫布的生活，一邊召集了一個由天文學家、地理學家和其他學者組成的「審議會」來討論哥倫布計畫的可行性。沒想到這個審議會裡都是十分保守的傢伙，他們從《聖經》上為哥倫布的計畫判了死刑。眼看計畫落空，哥倫布心急如焚。

然而，哥倫布真不愧為一代英豪，屢遭挫折，仍舊不改初衷。他見西班牙已無意實現自己的航海計畫，立即整理行李，告別摯友，準備轉赴英法，再展宏圖。據說，當時哥倫布已經登程啟航了，伊莎貝拉女王派來的信使才趕到，當他聽到信使的傳令：克里斯托弗爾·哥倫布先生，女王陛下已准奏，請您回宮時，他幾乎都有點不相信了，多年的夙願終於實現了。

伊莎貝拉女王何以力排眾議，接受了哥倫布的計畫呢？有人說是德高望眾的胡安·佩雷斯院長親見女王，勸說成功。恐怕最重要的是由於女王為了西班牙的利益，不能讓英法或其他國家先打通東方的航道，那可能會影響西班牙的海上優勢。因此，女王對這件事下了極大的決心，甚至當眾表示：「若國庫空虛，願將朕所佩珠寶變賣，支付航海費用。」為此哥倫布感動得熱淚滾滾，恨不得去吻女王走過的地面。

五、船隊揚帆遠航

西元一四九二年八月三日，天將破曉，巴羅斯港上擠滿了人群。連德高望重的胡安．佩雷斯院長也帶領著修道士們趕到了這裡。大家都是來替遠航的船隊送行的。太陽快要升起來了。被伊莎貝拉女王封為海軍上將的克里斯托弗爾．哥倫布莊嚴地登上了小艦隊的旗艦聖瑪麗亞號。面對即將出發的船隊和巴羅斯港的父老鄉親們，哥倫布熱淚盈眶。他大聲宣誓：絕不辜負女王陛下和父老鄉親的願望，此行定要成功地帶回東方的財寶，並使所到之處皈依基督教。然後，這位海軍上將就發出了啟航的命令。就這樣，哥倫布滿懷信心地帶著西班牙伊莎貝拉女王給中國皇帝的「國書」，率領著三艘海船一直向西出發了。在岸上眾人的注目之下，船隊越走越遠，最後完全消失在茫茫的大海上了。

按現代的標準，哥倫布「上將」的三艘小船要遠航東方真是太小了點。旗艦聖瑪麗亞號最大，僅有一百二十噸，另一艘「王牌」號僅及旗艦的一半，載重六十噸。第三艘「少女號」則只有四十噸。這三艘船根本不適合遠距離航行。

這三艘小船一頭扎進大海奮力西行。不料想一路上連遇怪事。

出發沒幾天，一天，天剛黑不久，一個巨大的怪異的火球落入離船隊不遠的海中，發出轟隆轟隆的巨響。弄得海員們心裡七上八下，提心吊膽。其實，這是一塊巨大的隕石落到了海裡。

沒過兩天，掌舵的舵手又發現羅盤的指向與北極星的指向偏離了不少。因為許多人相信海洋的盡頭就是地獄的入口，連羅盤都不能用了，可能是到了地獄的入口了吧？霎時軍心浮動，議論紛紛。眾人都問哥倫布，哥倫布不慌不忙地回答說：「不是羅盤失靈，是北極星偏移了。」也不知是哥倫布從來自東方的書裡真的了解到了磁極產生的偏角，還是他是蒙對了，反正這個結論早就由宋朝的沈括發現了，而且早已被證實了。但在西方，這還是第一次。以後哥倫布這句話就成了西方人發現磁偏角的準確日期了。

哥倫布穩定了軍心，船隊又勇敢地向西前進了。

六、終於到達美洲

大約又走了一個多月，「少女號」上的海員報告：發現了一大群海鳥，可能已經快到陸地了，哥倫布卻告訴大家，還早呢！但是兩天以後，「少女號」又報告發現了陸地，而且是一大片大片的草地，於是人們開始跳躍歡呼起來，哥倫布則根本不相信，果然船隊進入「草地」一看，根本不是什麼草地，而是進入了一個極為神祕的海域：這裡水平如鏡，水質澄清，水中漂浮著密密的褐色的海藻，遠遠一看很像一片「大草原」。於是哥倫布替它起了個名字叫「馬尾藻海」。其實這片水域十分凶險，這裡常年無強風，帆船進去就出不來了。螺旋槳推進器的動力船進去，就會被「魔鬼」般的海藻纏死，一動也別想動了。哥倫布的運氣還真不錯，遇到了罕見的風天，只用了十九天竟闖過了這危險的海區。

開始，船員們還滿有信心，過了兩個月後就都心煩意亂了，連哥倫布自己也有點著急。因為按照波西多留斯計算的地球的周長，此刻已經該距離中國不遠了。幸好他夜間在甲板上散步時看見一群遷徙的候鳥直向西南飛去，他一下子就放心了。既然有候鳥飛，必有陸地供牠落下，所以距離陸地已經不太遠了。然而船員們卻已經失望了，十月十日（出發後的兩個月零五天），有人糾集了一些船員發動叛亂，妄圖殺死哥倫布掉頭返航。幸好哥倫布早有準備。他制服了對方，又寬大為懷，沒有懲罰他們，並安慰全體船員，三日內必可見到陸地。

哥倫布確實不凡，西元一四九二年十月十二日凌晨，水手們發現了茫茫大洋中的陸地——美洲的巴哈馬群島。

清晨，朝霞滿天，他們駛進了這片美麗的土地。海岸是潔白耀眼的沙灘，岸上到處是奇花異草，高大的棕櫚，叢生的含羞草，帶刺的仙人掌和其他叫不出名字的美麗的植物。鵜鶘在水邊覓食，鸚鵡在林邊鳴叫，更多的美麗的鳥兒到處飛來飛去，嘰嘰喳喳。遠處是濃密的樹林，綠色的美麗的潟湖位於島的中央。這裡的風景真是太美了，哥倫布和他的船員們都以為到了人間仙境。再看島上的居民，全是黃皮膚，跟馬可波羅遊記中說的差不多，就是膚色有點深，只見他們赤身裸體，在鼻子上、耳朵上戴著黃金首飾，哥倫布和他的部下真以為到了東方呢。

由於哥倫布看過《馬可波羅遊記》，知道中國非常發達，不會落後到這種程度。因此就認為這是到了印度的屬地，這些人不是中國人，一定是印度人。所以後來人們就把這裡的居民叫做「印第安人」。其實這裡離印度還遠得很呢。

七、新大陸的發現者

哥倫布和他的船員們主要是為了尋找黃金和香料而來的，另外還為了擴大西班牙的版圖。後來，他們為了尋找黃金又在土著居民的帶領下到達了今天的海地。

但是哥倫布和他的部下只打聽到了出產黃金的地方，在還沒有找到黃金之前就發生了矛盾。一部分人早已歸心似箭，而且從土著居民手裡弄到了不少黃金，已經是心滿意足了。另一部分人跟著一位西班牙船長溜了，聖瑪麗亞號又損毀了，於是哥倫布只好留下了三十九個人駐守在當地收集黃金和香料，親自帶領其餘的人勝利返航了。他們臨走前帶走了一艘獨木舟，還掠去了幾個印第安人。

由於當時哥倫布只剩下了一艘「少女號」，為了萬一發生危險也能讓自己的功績流芳後世，哥倫布就把航行的全部情況寫下來裝入了一個瓶子，以備發現。日月如梭，光陰似箭，三百年後這個瓶子奇蹟般地出現在西班牙的比開斯灣，成了哥倫布發現美洲大陸的有力的證據。

一四九三年三月十六日，哥倫布回到了西班牙。航船進港，觀者如潮，西班牙王家衛隊親自為他開路。前面是頭戴金飾的印第安人，後面是船員們抬著的獻給女王的禮物。回國後的哥倫布得到了極高的榮譽。當他進宮拜見女王時，伊莎貝拉女王和王子親自歡迎了他。

俗話說：「樂極生悲。」哥倫布回國後，女王待他極好，又三次派他帶隊前往黃金之國 —— 中國。然而他始終也沒找到。女王要的大批的黃金和香料也沒弄到多少。於是西班牙宮廷逐漸開始對他不滿意了。

後來，由於一四九八年，達伽馬 (da Gama) 繞道好望角真的到達了印度的果阿，並帶回了大量的亞洲產的胡椒、丁香、生薑、荳蔻等香料和一些金銀。於是，人們紛紛指責哥倫布是騙子，欺騙了女王，也欺騙了民眾，結果這位「海軍上將」被逮捕下獄當了「犯人」。

還是女王出面，人們才把他從獄中放了出來。哥倫布為西班牙王宮歷盡了艱辛，最後於一五〇六年在貧病交加之下悲慘地死去了。據說，哥倫布死後，當地還釋出了一個消息說：「那個自稱海軍上將的人死了。」

由於一個數據上的錯誤，使哥倫布直到死都認為他真的到達了亞洲，到達了東方，而不知道他已經發現了一塊「新大陸」。儘管後來是義大利一個叫阿美利加的人第一個宣布美洲是一塊新大陸，儘管地理學家們也替這塊新大陸取名為阿美利加洲，但是人們仍舊說：「是哥倫布發現了新大陸。」並且一致把「一四九二年十月十二日哥倫布到達巴哈馬群島」的這一天定為發現美洲的日期。

物質統一性的科學發現

布魯諾（Bruno），西元一五四八年一月生於義大利諾拉，他是維護和發展哥白尼（Copernicus）的「日心說」的著名代表人物，並為此而英勇獻身。布魯諾出生於拿坡里的一個沒落小貴族家庭，十五歲時進入修道院。這時義大利正處於文藝復興時期，科學的思想對布魯諾產生了巨大影響。他在修道院裡開始閱讀科學書籍，同時接受了日心說的觀點。西元一五七二年，布魯諾成為牧師，並且獲得了哲學博士學位，但是他的哲學思想卻與教會的清規戒律產生了重大分歧。西元一五七五年，布魯諾成為教會的「異端分子」，被迫逃往羅馬。此後，受到教會的迫害，開始流亡各國。西元一五七八年，他流亡到瑞士，在日內瓦被囚禁。西元一五七九年釋放後，流落到法國，先後在土魯斯大學和巴黎大學講授天文學。西元一五八三年，他到了英國；西元一五八五年又到了德國。這段時期，布魯諾已完全成為經院哲學和神學的反對派，他到處批判宗教哲學，宣傳日心說，宣傳他的先進宇宙觀，發展了宇宙無限的思想。他熱情宣傳和支持哥白尼學說，並發展了哥白尼的學說。他認為太陽並不是宇宙的中心，它僅是宇宙中眾多天體之一，太陽本身也是運動的。布魯諾的唯物主義宇宙觀，引起了宗教界的極端仇視。西元一五九二年，在威尼斯遭到逮捕。他在獄中堅貞不屈，堅持自己的觀點。西元一六〇〇年，他被宗教裁判所處以火刑，殉難於羅馬鮮花廣場。

在他的《灰堆上的華宴》(*Ash Wednesday Supper*) 一書中，為了維護哥白尼的主張，他提出了一些相當難以置信的無窮大宇宙的論據。他支持當時被認為是異端的日心說理論，布魯諾對哥白尼學說不僅堅定捍衛和積極傳播，而且有所補充和發展。布魯諾認為，宇宙並非有限，它在空間上是無限的，時間上是永恆的。宇宙既不可能有一個固定不變的中心，也沒有絕對的邊緣，宇宙是由無數星系組成的。太陽僅是太陽系的中心，太陽系是宇宙無數星系中的一個。地球確實是環繞太陽轉動，但太陽並非靜止不動，它也在運動著，它與其他恆星的位置亦在不斷變動之中。布魯諾不僅否定了地球中心說，而且也否定了太陽為宇宙中心的說法。他甚至進而認為宇宙有它本身的客觀規律，並不像教會宣揚的一切都服從於上帝的意志。顯然，布魯諾的新宇宙觀是對哥白尼天文學說的新發展。

布魯諾認為：自然界的萬事萬物都處於普遍連結和不斷運動變化之中，這種變化就是統一的物質實體所包含的各種形式不斷轉化的過程，事物經過互相轉化，形成為對立面的統一。

布魯諾在論證世界物質統一性時引出了物質實體是萬物

的「最初本原」和「最初原因」的思想。他認為，統一的物質實體即是世界萬物的本原，又是世界萬物的原因。說物質是本原，乃指它是構成萬物的基礎，本身又存在於它所構成的事物之中。

布魯諾在哲學的基本問題上堅持了唯物主義的立場。

布魯諾是一位社會達爾文主義者，他反對封建社會的蒙昧主義和神學統治。他認為人類歷史是不斷變化、不斷前進的，因而他反對把遠古社會美化為「黃金時代」。他認為，社會「如果沒有變化，沒有變易，沒有盛衰興替，就不會有適宜的東西，良好的東西，愉快的東西」。他認為，社會發展到他這個時代，已經千瘡百孔，腐敗不堪，因而他預言：「世界很快將發生一場普遍的變革，因為要想讓這種腐敗狀態繼續下去，已經不可能了。」

布魯諾是義大利天文學家、思想家和唯物主義哲學家。他的思想認知遠遠超過他同時代的人。為了真理，他被燒死在羅馬鮮花廣場，但他的科學精神卻永遠不滅。

哥白尼提出日心說理論

「日心說」是哥白尼經過長期的天文觀測和研究得出的結論。作為更為科學的宇宙結構體系，「日心說」否定了在西方統治達一千多年的地心說，雖然受時代的局限，日心說中保留了許多天真的謬誤，但其後隨著克卜勒行星運動三定律、牛頓萬有引力定律以及行星光行差視差的相繼發現，日心說便日益建立在更加穩固的科學基礎上。

西元前四世紀，亞里斯多德創立了「地心說」。亞里斯多德認為，宇宙是一個有限的球體，分為天地兩層，地球位於宇宙中心，所以日月圍繞地球運行，物體總是落向地面。地球之外有九個等距離天層，各個天層自己都不會運動，是上帝推動了恆星天層，才帶動了所有的天層。人類居住的地球，巋然不動地居於宇宙中心。作為古希臘的最後一位大天文學家，托勒密全面承襲了亞里斯多德的「地心說」，把亞里斯多德的九層天擴大為十一層。托勒密設想，各行星都繞著一個較小的圓周運動，而每個圓的圓心則在以地球為中心的圓周上運動。他把繞地球的那個圓叫「均輪」，每個小圓叫「本輪」，同時假設地球並不恰好在均輪的中心，而是偏開一定的距離，均輪都是一些偏心圓；日、月、行星除了作上述軌道運行外，還與眾恆星一起，每天繞地球轉動一周，從而使計算結果達到了與實測的一致，取得了航海上的實用價值。托勒密的「地心說」恰好迎合了基督教義，便被基督教用來維護《聖經》學說。《聖經》宣揚，宇宙和地球都是上帝耶和華創造的，地球不動位居宇宙中心，聖地耶路撒冷位居大地中央，人類是神的驕子，宇宙間的萬物都是神為了滿足人的需求創造出來的……於是，托勒密的「地心說」成了《聖經》，天文學成了宗教的奴婢，這種狀況一直延續到哥白尼時代。

哥白尼，西元一四七三年出生在波蘭托倫小城的一個商人家庭裡。他十歲那年，瘟疫奪去了他的父親。從那時起，哥白尼開始跟舅父盧卡斯（Lucas）生活在一起。十八歲的時候，舅父把他送進了克拉科夫大學，在那裡，思想敏銳的哥白尼對天文學和數學發生了極大的興趣。他鑽研了數學，廣泛涉獵古代天文學書籍，潛心研究過「地心說」，做了許多筆記和計算，並開始用儀器觀測天象，頭腦裡開始孕育新的天文體系。後來，哥白尼來到義大利留學，在學術氣氛十分活躍的帕多瓦大學學習。該校的天文學教授諾法拉對「地心說」表示懷疑，認為宇宙結構可以透過更簡單的圖式表現出來。在他的思想薰陶下，哥白尼萌發了關於地球自轉和地球及行星圍繞太陽公轉的見解。回到波蘭後，哥白尼繼續進行長期天象觀測和研究，更進一步認定太陽是宇宙的中心。因為行星的順行逆行，是地球和其他行星繞太陽公轉的週期不同造成的假象，表面上看起來好像太陽在繞地球轉，實際上則是地球和其他行星一起，在繞太陽旋轉。這一點就像我們坐在船上，明明是船在走，但卻感覺到岸在往後移一樣。哥白尼夜以繼日地觀測著，計算著，終於衝破重重阻力，創立了以太陽為中心的「日心說」。哥白尼曾把他的「日心說」主要觀點寫成一篇〈短論〉（*Commentariolus*），抄贈給一些朋友。他的觀點立即引起了歐洲各國的重視，可他不敢把它們全部寫出來發表，害怕由此招致教會的迫害。但是，哥白尼曾經說過：「人的天職在於探索真理。」在探索真理的強烈衝動下，他還是在躊躇中開始了《天體運行論》（*On the Revolutions of Heavenly Spheres*）一書的寫作。這部六卷本的科學鉅著《天體運行論》幾經周折，終於艱難地面世了。此刻，哥白尼的生命也走到了盡頭。他在臨終前一個小時才看到這本還散發著油墨清香的著作，他用顫抖的手摩挲著書頁，溘然長逝。

《天體運行論》明確地提出所有的行星都是以太陽為中心並繞著太陽進行圓周運動的。書中寫道：「地球是動的。」「地球除了旋轉外，還有某些運動，還在遊蕩，它其實是一顆行星。」「在所有這些行星中間，太陽傲然坐鎮……太陽就這樣高踞於王位之上，統治著圍繞膝下的子女一樣的眾行星。」《天體運行論》雖然也存在缺點，但它在人類歷史上第一次描繪出了太陽系結構的真實圖景，揭示了地球圍繞太陽轉的本質，把顛倒了一千多年的日地關係重新顛倒過來，引起了中世紀宇宙觀的徹底革命，沉重打擊了封建教會的神權統治。

西元一六〇〇年二月十七日，在羅馬的鮮花廣場上，一個約五十歲的男人，赤身被綁在火刑架上，可能是因為長期監獄生活的折磨，他的身體顯得很虛弱，但是，他的精神卻一點也不頹廢，兩眼熠熠發光。當劊子手們點燃了火，也就是在他生命的最後一刻，他莊嚴地呼喚道：

「火並不能把我征服，未來的世紀會了解我，知道我的價值的。」

他就是喬爾丹諾·布魯諾，是義大利古代的先進思想家、唯物主義哲學家和自然科學家。

布魯諾對哥白尼的《天體運行論》的學習和研究，使他懷疑宗教的神學，成了一位具有叛逆性的「異端」。西元一五七七年，布魯諾因此被開除教籍，迫使他流亡國外長達十五年，他先後留居瑞士、英國、德國等地。這期間，他主要從事講學和著述活動，先後寫出了《論原因、本屬和統一》(*Concerning Cause, Principle, and Unity*)、《論無限性、宇宙和諸世界》(*Of Innumerable Things, Vastness and the Unrepresentable*) 等重要著作。他不僅繼承了哥白尼「太陽中心說」，而且進一步發展了哥白尼的學說，形成了新的宇宙觀。他到處寫文章、演講，沉重地打擊了封建神學傳統。

西元一五八三年，布魯諾到英國，批判經院哲學和神學，反對亞里斯多德—托勒密的地心說，宣傳哥白尼的日心說。西元一五八五年去德國，宣傳進步的宇宙觀，反對宗教哲學，進一步引起了羅馬宗教裁判所的恐懼和仇恨。西元一五九二年，布魯諾在威尼斯被捕入獄，在被囚禁的八年中，布魯諾始終堅持自己的學說，最後被宗教裁判所判為「異端」燒死在羅馬鮮花廣場。然而歷史的發展，最終證實了布魯諾臨終的預言。

伽利略（Galileo）是偉大的義大利物理學家和天文學家，科學革命的先驅。歷史上他首先在科學實驗的基礎上融會貫通了數學、物理學和天文學三門知識，擴大、加深並改變了人類對物質運動和宇宙的了解。

為了證實和傳播哥白尼的日心說，伽利略獻出了畢生精力。由此，他晚年受到教會迫害，並被終身監禁。他以系統性的實驗和觀察推翻了以亞里斯多德為代表的、純屬思辨的傳統的自然觀，開創了以實驗事實為根據並具有嚴密邏輯體系的近代科學。因此，他被稱為「近代科學之父」。他的工作，為牛頓的理論體系的建立奠定了基礎。

日心說經歷了艱苦的掙扎後，才為人們所接受，這是天文學上一次偉大的革命，不僅引起了人類宇宙觀的重大革新，而且從根本上動搖了歐洲中世紀宗教神學的理論支柱。「從此自然科學便開始從神學中解放出來」，「科學的發展從此便大踏步前進。」—— 恩格斯《自然辯證法》（*Dialectics of Nature*）

笛卡兒創立了解析幾何學

西元一五九六年三月三十一日，笛卡兒（Descartes）出生於法國克勒滋河右岸一個古老的貴族家庭，他的父親是布列塔尼議會的議員。雖然笛卡兒的家庭富裕，但他剛生下來的時候非常瘦，父母親都以為這個孩子很難長大成人。

笛卡兒兩歲的那一年，他的母親去世了，本來就瘦小的笛卡兒沒有了母親的照料，不僅不吃東西而且經常哭泣，爸爸看著笛卡兒心疼得要命，於是趕緊為他請了一個溫柔而善良的保母，笛卡兒的保母非常耐心，把笛卡兒帶得很好，使得笛卡兒起死回生。

笛卡兒八歲時被父親送到拉弗萊什公學。這裡是當時歐洲最有名的教會學校，吸引了四面八方的貴族子弟。他的親戚夏爾勒神父簡直就像他的生父，也形同於其家庭教師。他十分喜歡笛卡兒，由於笛卡兒體弱多病，他安排學校的老師特別照顧笛卡兒，特意安排了適合於他的身體的特殊作息時間，允許他「早上躺在床上不起來，一直睡到他想去教室為止。」笛卡兒尊敬老師，在學校裡學習科學的熱情一直非常高漲。八年六個月後，他以模範生的身分從學校畢業。

西元一六一二年，他去波士頓大學攻讀法律，由於勤奮好學，四年後，他以最好的成績獲得法學博士學位。笛卡兒堅信社會實踐是人生的大課堂。西元一六一六年，他決心走向社會，「去讀世界這本大書」，他與幾個青年來到巴黎。這位拉·埃伊城的貴族青年衣冠楚楚，腰懸寶劍，走進了巴黎的上流社會，笛卡兒彬彬有禮地在巴黎的上流社會交往一段時間以後，終於感到了這種生活的無聊和浪費。於是，他在郊區找了一個清靜之處，整整兩年埋頭於數學研究。

西元一六一八年，他去荷蘭的布雷達（Breda），開始了他的戎馬生涯。

有一天，他在布雷達看到許多人盯著城牆上一道荷蘭文數學難題出神。笛卡兒請身旁一個人譯成拉丁文。那人不相信這個青年軍官能解這樣的難題，便帶著譏諷的口吻翻譯了。不料兩天之後，笛卡兒做出了正確的解答，那人大吃一驚。原來他是當時著名的學者貝克曼。後來，他們由於共同的愛好，成了莫逆之交。他對笛卡兒影響極大，笛卡兒曾說，貝克曼喚醒了他的科學興趣，「把一個業已離開科學的心靈，帶回到最正常、最美好的路上。」笛卡兒經常不分白天黑夜地研究數學，一天，他躺在病榻上，仰望著天花板出神，只見蜘蛛正忙著在牆角上結網，牠一會兒在雪白的天花板上爬來爬去，一會兒又順著蛛絲爬上爬下。這精彩的「雜技」牢牢地吸引住了笛卡兒。笛卡兒從中受到啟發，他想：「這隻懸在半空的蜘蛛不就是一個移動的點嗎？能不能用兩面牆的交線及牆與天花板的交線來確定牠的空間位置呢？」他在紙上畫出了三條相互垂直的直線分別表示兩牆的交線和牆與天花板的交線，並在空間點出一個 P 點代表蜘蛛，P 到兩牆的距離分別用 X 和 Y 表示，到天花板的距離用 Z 表示。這樣，只要 X、Y、Z 有了準確的數值，P 點的位置就完全可以確定了。他認為，兩面牆與天花板交出了三條線，都匯合於牆角，如果將牆角當作計算起點，把這三條相互垂直的線作為三根標上數字的數軸，這樣就構成了一個座標系，空間的任何一個點都可以用三根數軸上三個有順序的數來表示，而一組有順序的三個數，也可用空間的一個點表示出來。這樣，數與形就建立了必然的連結。笛卡兒又繼續深入研究，不久便創立了一門新的數學分支 —— 解析幾何學。

在解析幾何學中，應用笛卡兒直角座標系，可以將幾何圖形轉化為代數方程來研究；亦可將代數方程畫成幾何圖形來研究。

當時法國宗教傳統勢力還比較強大，他深知自己的思想與教會大相逕庭，在法國會被視為異端。為了能著述自己研究的成果，西元一六二八年秋，他決定到荷蘭定居。在荷蘭，他居住在不出名的村莊或城市的偏僻處，離大學和圖書館不遠。除研究數學、哲學外，他還從事光學、化學、生理學、氣象學及天文學的研究，並和歐洲主要學者保持密切的學術聯繫。笛卡兒的著作幾乎全是在荷蘭寫的。他於西元一六二八年寫出了《指導心靈的規則》(*Rules for the Direc-*

tion of the Mind)，西元一六二九至一六三四年完成了以哥白尼學說為基礎的《論宇宙》的主要部分，他還整理出三篇論文——數學史上劃時代的著作：〈幾何〉(*Geometry*)、〈屈光學〉、〈氣象學〉，他又寫了一篇序言，即哲學史上著名的〈科學中正確運用理性和追求真理的方法論〉(*Discourse on the Method*，簡稱〈方法論〉)，西元一六三七年六月八日在萊頓匿名發表，他沒有索取任何報酬。

笛卡兒在〈方法論〉中總結了卓越的自然科學家的研究方法，加以哲學的概括和論證，提出了以數學方法為核心的演繹法。

西元一六四九年底，笛卡兒開始應邀為瑞典女王講授哲學，由於時常冒著刺骨的寒風去給女王上課，他於次年二月一日感冒，隨即轉成肺炎，二月十一日笛卡兒病逝，年僅五十四歲。

他的墓誌銘這樣寫道：「笛卡兒，歐洲文藝復興以來第一個為人類爭取並保證理性權利的人。」

揭開太陽系的奧祕

第谷．布拉赫 —— 這個貴族的孩子，不當高官、不圖權勢，把自己的一生全部獻給了天文觀測事業，成了世界天文學界的奇才。

哥白尼的《天體運行論》發表以後面對臨著來自兩個方面的反對：一是權威的反對，一是常識的反對。儘管有布魯諾這樣的知識分子接受了這一全新的宇宙體系，然而在整個社會上，它的影響並不很大。因此，事實上一直到西元一六一六年以前，羅馬教廷還根本沒有感覺到哥白尼的日心體系有多麼危險。

在這半個多世紀的時間裡，教會對《天體運行論》一直是容忍的態度，所以哥白尼的日心體系一直在天文學界和一部分知識分子中間傳播著。在這段時期內，哥白尼革命只具有一種十分強大的、潛在的革命意義。它需要逐漸地被揭示出來，才能成為整個天文學革命 —— 科學革命的號角。

把哥白尼革命的全部意義展示出來，逐步使得他的日心體系進一步完美，而且更加精確化的是德國著名天文學家約翰．克卜勒。但是，在哥白尼和克卜勒之間還有一個十分重要的中間環節，這就是被後人稱之為「近代天文學之父」的丹麥著名的天文學家第谷．布拉赫。

第谷·布拉赫於西元一五四六年出生於丹麥斯坎尼亞省的一個貴族家庭，他的父親是一個律師，他還有一個伯父，在丹麥是一個有錢有勢的舊貴族。由於他的伯父沒有兒子，第谷從小就過繼給了他的伯父。

第谷的伯父很有地位，而且也非常有錢。因此他既不希望第谷經商，也不希望第谷成為一個學者，而是一心希望第谷從事政治，做大官，以後好光宗耀祖，繼承自己的舊貴族的衣缽。

第谷在十三歲那年被送到首都哥本哈根上了大學。名義上是學哲學和修辭學，實際上只不過是學一點官場上為人處世、應酬答對的極庸俗的東西而已（這套東西今天也還有一些人在拚命地學，因為這是官場上不可缺少的基本功）。第谷對這一套可沒興趣，他從小在伯父家裡長大，看透了舊貴族官場上的那套鬼把戲，就跟《紅樓夢》裡的賈寶玉一樣，對做官厭煩透了。官場裡舊貴族之間爭權奪勢、勾心鬥角、爾虞我詐、醜態百出的事在第谷看來骯髒極了。因此，他不但沒有好好學習些什麼修辭學和那些處世之道，反而迷上了研究遙遠太空的學問 —— 天文學。

事情的起因是這樣的。

西元一五六〇年八月，丹麥首都哥本哈根的天文觀象臺預報：本月二十一日將發生日食，在哥本哈根就可以觀測到。

十四歲的第谷·布拉赫和其他許多有著強烈的好奇心的

青少年一樣，抱著很大的興趣等待著這一天的到來。果然，西元一五六〇年八月二十一日，哥本哈根的人們看到了這次日食。這件事引起了第谷的深思。他想：既然能預先測出日食發生的時間，那麼天體的運行一定是有規律的，如果我能夠探索出這神祕的規律，探索出這宇宙的奧祕該多麼好啊！從那以後，他真的迷上了天文學。

第谷不僅經常觀測天象，而且還閱讀了大量的天文學著作，古希臘時期的托勒密的《天文學大全》使他如獲至寶，他成了一個托勒密的崇拜者。由於他不走「正路」，不想好好學「做官」，反而迷上了天文學，使他的伯父十分不滿。

為了把第谷引上仕途之路，讓他放棄天文學研究，伯父又在西元一五六二年把他送到了德國的萊比錫大學，在那裡學習法律，並且還派給他一個家庭教師，監督他學習，好在這個家庭教師既不敢不聽第谷伯父的吩咐，又不願意惹小主人生氣，對第谷的監督只是睜一隻眼閉一隻眼，因此第谷還可以悄悄地研究他的天文學。

西元一五六六年，第谷的伯父死了，第谷一下子就自由了。他可以有更多的時間從事他酷愛的事業——天文學研究了。

第谷終生一直堅持天文觀測，並且研究他的宇宙體系。他的運氣也非常好，他多次觀測到了日食。西元一五六三年他觀測到了罕見的土木星交會，一五七二年他又觀測到了仙后星座的超新星爆發，一五七七年還觀測到了彗星，並認定了彗星距地球的距離比月亮遠。尤其是一五七二年對超新星的觀測，使第谷受益極大。

西元一五七二年十一月十一日，太陽落山後，第谷和往常一樣開始觀察天象。天越來越暗時，他發現在仙后星座旁邊出現了一顆新的明亮的星星。這時的第谷對星空已經是瞭如指掌了。他深知仙后星座旁邊以前是沒有這麼一顆星的，於是，從這一天開始第谷每晚持續不斷地對這顆星進行觀察，他發現這顆星一夜比一夜更亮，最後超過了金星的亮度，後來甚至在白天也可以毫不費力地就看見它了。過了一年，這顆星漸漸地暗了下去。又過了四個月，這顆星終於在天幕上消失了。這顆星在天空存在的十六個月當中，第谷以驚人的毅力，不分寒暑，憑一雙肉眼一直堅持觀測，並且做出了詳細的紀錄，累積了非常寶貴的天文數據。

第谷觀測的是一顆超新星，就是古代天文紀錄中講的客星，它並不是新產生的星，而是一顆恆星。在正常的情況下，恆星的亮度是穩定的，是人們用肉眼看不見的，而在它發生爆發時，會釋放出大量的能量，因而亮度激增，突然在天空顯現了出來。第谷觀測的就是這樣一顆超新星。

對超新星的觀測，更加激發了第谷從事天文研究的極大興趣。他根據自己的觀測資料寫出了一部重要的著作《論新星》（*On the New Star*），這是世界上第一部詳細論述超新星爆發的著作。在世界天文學史上具有重要的意義。丹麥國王腓特烈二世（Frederick II of Denmark）非常重視第谷的天文學研究工作，他不僅給了第谷優厚的薪俸，並且把丹麥首都哥本哈根附近的赫芬島贈給了第谷，還撥了一筆鉅款為他修建了天文臺。

腓特烈二世為第谷·布拉赫修建的這座天文臺是西元一五七六年完工的。這就是赫芬島上著名的烏拉尼堡天文觀象臺。它是全歐洲、也是全世界第一座近代意義上的天文臺。由於這座天文臺的建立，赫芬島成了活躍的天文學研究中心，許多著名學者從世界各地到這裡來訪問和學習，這座天文臺對歐洲及全世界的天文事業的發展都發揮了重大作用。

為了更好地展開天文學研究工作。第谷精心設計和製造了許多大型的、精密的天文觀測儀器。這些儀器有木製的，也有鐵製的和銅製的。其中最大的是一個直徑三十九英呎、精密度極高的象限儀。後人稱之為「第谷象限儀」。

第谷在赫芬島上前後工作了二十年，在天文學的觀測、記錄和研究方面取得了突出的成就。由於他觀測儀器精度的提高和對大氣折射的效應進行了修正，使他的天文觀測的準確度遠遠超過了前人。第谷的天文觀測值比以前最好的觀測值要精確幾十倍到上百倍。他先後觀測了七百七十七顆恆星的位置。而且編製了一個誤差極小的星表。他詳細觀測、研究和記錄過月亮、行星和彗星的運行情況，取得了大量精確、寶貴的天文觀測數據和準確的數據紀錄。他一生有許多新的天文發現，記錄了許多新的天文現象。其中許多成果在世界都是第一流的。然而在世界天文學史上，在第谷．布拉赫的所有的發現之中，天文學家們一致認為他一生最重要的發現是發現了名傳後世的最偉大的天文學家約翰．克卜勒（Johannes Kepler）。

第谷在赫芬島上的工作前後長達二十年，這是他學術研究的黃金時代。但是在丹麥國王腓特烈二世去世以後，第谷失去了支持者，也失去了經費來源，研究工作進行不下去了。就在這十分困難的時候，他接到了奧地利國王魯道夫的邀請遷居到奧地利，並設法將赫芬島上的儀器也運到了奧地利。

第谷在奧地利的工作由於沒有助手效率很低，正在為難之際，他收到了一本題名為《宇宙的神祕》（*Mysterium Cosmographicum*）的書和一封熱情洋溢的信，寫信的是一個署名「約翰．克卜勒」的德國青年。

約翰．克卜勒的觀點在書中表達得很明確，他信仰的是哥白尼的日心說，而第谷則是托勒密地心體系的信奉者。儘管觀點不一致，但是第谷從他的信中和書中看到這是一個真正獻身於科學事業的、很難得的人才。於是，他馬上回信讓克卜勒到布拉格當他的助手。我們今天大學裡的研究生導師們很少有幾個能有第谷這樣的胸懷，觀點不一致的研究生堅決不收的占大多數。第谷這樣的教師是很少見的。據說有一次，因為克卜勒那個好吃懶做的老婆的挑唆，克卜勒和第谷吵翻了，但是，當克卜勒了解了自己的錯誤以後，第谷立刻就原諒了他。

第谷·布拉赫儘管掌握了豐富、準確、完整的天文觀測數據，但是他用來進行天文觀測的體系卻是一個折衷的宇宙體系。在第谷的體系中，除地球以外，所有的行星都繞太陽運行，而太陽卻率領著眾行星繞地球運行，地球則是靜止不動地處於宇宙的中心。儘管第谷也了解哥白尼的體系，但是，他認為日心說的思想是違背聖經的，是不能接受的。因此他的觀測數據沒有發揮應有的作用。

約翰·克卜勒認為第谷是一個大富翁，然而卻不知道如何應用自己的財富。據說，第谷在自己臨終前才把觀測數據交給克卜勒，而且表示克卜勒只能在地心說體系下使用這些數據。然而「一日無常萬事休」，第谷撒手西去，克卜勒立即就把第谷精密的觀測數據與哥白尼的日心說體系結合到了一起。

第谷與克卜勒西元一六〇〇年二月四日在布拉格的會見，是科學史上的重大事件之一，它代表著近代自然科學的兩大基礎：經驗觀察和數學理論的結合。克卜勒所信仰的哥白尼體系的數學原理與第谷·布拉赫精確的觀測數據的結合，終於使克卜勒揭開了整個太陽系的祕密。

血液循環系統的發現

西元一六一六年，英國醫學家哈維（Harvey）公布了自己所發現的血液循環理論，即人體內的血液是循環的，它分為體循環和肺循環兩部分。血液從左心室進入動脈，流到全身各處後，再彙集到靜脈，然後流回右心房，這叫體循環；血液由右心室進入動脈，流經肺部，然後由靜脈流回左心房，這叫肺循環。這個發現，奠定了近代醫學的基礎。

對血液的最早論述是由亞里斯多德提出的，他十分錯誤地以為人體內（血管內）充滿著空氣。這種錯誤的說法延續了幾百年，直到西元二世紀才被古羅馬的名醫加倫（Galen）否定。加倫設想，人體內有一個由肝臟、心臟和大腦組成的循環系統。在肝臟中，人體所吸收的食物轉化為血液，這些血液攜帶著「自然靈氣」，透過靜脈流向身體各個部位，再透過同樣的靜脈流回肝臟。在這裡，血液的運動恰如潮水的漲落，來來回回，永不停息。當血液流到心臟後，大部分流了回去，一少部分從右心室透過隔膜上的小孔進入左心室。在左心室裡，這些血液與來自肺部的空氣混合，形成「生命靈氣」，再由動脈傳送到身體各部位並被吸收。其中，進入大腦的那部分血液與「動物靈氣」融合，然後流動到身體各處的肌肉和感官中。

加倫是醫學界的權威，他的血液理論自然是不容置疑的真理。因此，後來關於血液流動的探索停止了一千年。

十六世紀中葉，比利時學者維薩里（Vesalius）在解剖動物時發現，心臟的中隔很厚，沒有可見的孔道，加倫關於左心室與右心室之間有小孔相通的觀點是錯誤的。但他沒有猜測到人體內的血液是循環的。他的理論激怒了教會，因為教會利用加倫的醫學為他們的教義服務，賦予他的錯誤巨大的權威。只要誰違反了加倫主義，就會被指控為異教徒而遭到迫害。西元一五六三年，維薩里被宗教法庭拘禁、審訊，作為異教徒被判了死刑，但被菲利普二世赦免。西元一五六四年，他在從耶路撒冷回來的途中，在希臘的扎金索斯島去世。

維薩里死後，他在巴黎大學讀書時結交的好友塞維塔斯（Servetus）繼續進行科學實驗，包括當時被禁止的人體解剖。西元一五五三年，塞維塔斯出版了《基督教的復興》（*Christianismi Restitutio*）一書。在這部宗教專著中，他用六頁的篇幅闡述了自己發現的肺循環：血液從右心室透過肺動脈流入肺部，與吸入的新鮮空氣相結合，再經肺靜脈流入左心房，完成一次循環過程。這個循環，又稱小循環。

塞維塔斯的肺循環理論是生理學發展史上的一次革命，同時也是對宗教神學的一次衝擊，因此冒犯了教會。儘管《基督教的復興》是祕密出版的，但最終還是被教會查了出來，塞維塔斯被判處火刑。塞維塔斯逃到日內瓦，不久，又被抓住。西元一五五三年十月二十七日，年僅四十二歲的塞維塔斯在日內瓦被教徒們燒死，死前還被活活地燒烤了兩個小時。

塞維塔斯的死，並沒有嚇退獻身科學和真理的人們。西元一六〇三年，義大利外科教授法布里修斯（Fabricius）公開出版了著作《論靜脈瓣膜》（*De Venarum Ostiolis*）。在這本書中，他描述了靜脈內壁上的小瓣膜，它的奇異之處在於永遠朝著心臟的方向開啟，而向相反的方向關閉。遺憾的是法布里修斯沒有了解到這些瓣膜的意義。

在前人科學探索的基礎上，哈維最終創立了血液循環理論。在解剖一些大動物時，哈維仔細觀察了心臟的內部結構。他發現，這些心臟猶如一個水泵，當它收縮的時候，血液就被壓出去。那麼，血液從心臟裡泵出來後，流到哪裡去了呢？

哈維用蛇做實驗。他把活蛇殺死，剖開，用鑷子夾住大動脈，觀察後發現：鑷子以下的動脈很快就癟了；鑷子與心臟之間的動脈和心臟，膨脹開來，越來越鼓，顏色變深。而鬆開鑷子以後，心臟及動脈很快又恢復了正常。後來，哈維又做了一個類似的實驗，他用鑷子夾住大靜脈，切斷心臟與鑷子以下的靜脈通路。這時，他看到：鑷子和心臟之間的靜脈，馬上就癟了；同時，心臟變小，顏色變淺。鬆開鑷子，在癟下去的一段靜脈中，馬上就有血液流過，心臟的大小和顏色也恢復如初。

人體內的血液是否這樣？哈維請來一名身體消瘦、臂上大靜脈清晰可見的人。他用繃帶紮緊這人的上臂。過一會兒，摸摸繃帶以下的動脈，無論在肘窩還是在手腕，都不跳動了，而繃帶以上的動脈，卻跳得十分厲害；繃帶以上的靜脈癟下去了，而繃帶以下的靜脈，卻鼓脹了起來。這表明心臟中的血液來自靜脈，而動脈則是心臟向外泵吐血液的通道。

哈維做解剖實驗時發現，心臟分為左右兩部分，每一部分又分為上下兩個腔，這就是我們現在說的左心房、左心室、右心房、右心室。他算過這樣一筆帳：人的左心室容量為兩盎司（一盎司等於二十八點三五克），以心臟每分鐘搏動七十二次計算，每小時由左心室進入主動脈的血液流量應為八千六百四十盎司（約等於二百四十四點九公斤），這個數字相當於普通人體重量的三倍多。而肝臟在這麼短的時間內也絕不可能製造出如此之多的血液來。唯一正確的解釋是：體內血液是循環流動的。

西元一六一六年，哈維在演講中宣布了他的血液循環理論。他說，在心臟收縮時，心臟裡的血液流到動脈裡；而靜脈裡的血液，又流回了心臟。總之，血液在體內是循環流動的。但哈維並未說明動脈、靜脈末端的相互連結問題。

哈維的演講當時沒有引起多大反響。他深入研究，總結整理，撰成一部劃時代的專著《心血運動論》（*Exercitatio Anatomica de Motu Cordis et Sanguinis in Animalibus*）。這部只有七十二頁的著作於西元一六二八年出版後，立即遭到教會和一些保守學者的攻擊。有人甚至評價說：這本書是「虛妄的、荒謬的、有害的」！幸好，哈維當時是英國國王查理一世的御醫，受到國王的寵幸，這才使他沒有像前輩維薩里、塞維塔斯那樣付出生命的代價。

西元一六六一年，即哈維逝世後的第四年，義大利科學家馬爾比基（Malpighi）在顯微鏡下觀察到微血管的存在。正是這些肉眼看不見的微小血管，把動脈和靜脈連線起來形成一個「可循環的管道」。這進一步證實了哈維的血液循環理論的正確性。

哈維的貢獻是劃時代的，他的工作代表著新的生命科學的開始，屬於發端於十六世紀的科學革命的一個重要組成部分。他的《心血運動論》一書也像《天體運行論》等著作一樣，成為科學革命時期以及整個科學史上極為重要的文獻。

哈維創立的血液循環理論，徹底推翻了加倫的「血液潮汐論」，宣告了生命科學新紀元的到來。恩格斯高度評價了哈維的科學成就。他指出：「哈維由於發現血液循環而把生理學確立為科學。」

大氣壓存在性的普遍確認

在德國，與義大利和法國幾乎同期，也有人研究真空問題。著名的馬德堡半球實驗（Magdeburg hemispheres experiment）就是一個舉世聞名的成功實驗。

格里克（Guericke）是馬德堡市市長，他同時是一位物理學家。

西元一六四三年，義大利物理學家托里切利（Torricelli）透過實驗證明了大氣壓的存在並獲得了真空，但是亞里斯多德的學說統治已久，人們還是半信半疑。在德國，真空問題仍在爭論。

格里克於西元一六〇二年出生，他出身於名門望族，遊歷了荷蘭、法國、英國，成為一名兼通法律和數學的工程師。

他認為實驗是自然科學中最有用處的，於是他開始做實驗，以獲取更大的真空。

一開始，他使用葡萄酒桶，裝滿了水。他想把水抽乾，不就是真空了嗎？但是桶密封性不好，結果沒能成功。後來，格里克發明了抽氣機，他不斷改進抽氣機，結果終於可以獲得比較接近真空的空間。

他用薄銅片做成銅球，開始抽走裡面的空氣，抽著抽著，一聲巨響，球被壓扁了。於是他用了厚一些的銅做了球，結果球沒有被壓壞，但他想把空氣再送進球裡，結果場面也非常驚險，巨響不絕於耳。

格里克製成了很多真空的球，他發現在這種條件下，小動物不能存活，火焰不能燃燒，而水果蔬菜卻可以保鮮。

西元一六五四年的一天，天氣晴朗。人們集中在馬德堡市的中心廣場。消息早已傳出，市長要展示馬與大氣壓的比賽。

學者、百姓、貴族、還有德皇斐迪南二世（Ferdinand II），格里克和助手們把兩個精心製作的直徑為五十公分的銅球殼抬上來，墊上橡皮圈，塗上油脂混合在一起，兩個半球吻合地扣好了，油脂是為了使球不透氣。格里克在解釋，說球中是空氣，如果直接來人，一拉就開，因為球內球外的大氣壓力平衡，而一旦把球抽成真空，外界的大氣壓會作用在球的表面，把球壓住。這時誰要是再想把球分開，就相當於和大氣壓比賽。

格里克用自製的抽氣機把半球內的空氣抽了出去，球內形成真空了，氣嘴擰緊後，兩個半球嚴絲合縫。

工作準備完畢，格里克令馬伕牽來八匹大馬，觀眾們十分驚奇，很多人表示不相信。一會兒，球的兩邊各拴上四匹馬，這樣八匹馬分成兩組，向相反的方向拉。馬伕用皮鞭猛抽馬匹，八匹高頭大馬猛力向前，結果銅球紋絲未動。

人群沸騰了，議論紛紛，人們被這饒有趣味的場面吸引住了。格里克又命令馬伕每一邊各增加四匹馬，在十六匹馬猛拉之下，只聽到一聲巨響，廣場上如同起了一個炸雷，兩個半球被拉開了，在那一瞬間，外面的空氣以極快的速度衝進球內，引起爆裂。

馬德堡半球實驗使大氣壓的觀念深入人心，是物理學史上著名的實驗，人們為了紀念這次實驗，把兩個銅球命名為馬德堡半球。

現在，銅球被陳列在展覽廳，人們看到銅球，耳邊似乎迴響起格里克的聲音：「大氣壓是普遍存在的。」

微生物世界的探索

西元一六三二年，雷文霍克（Leeuwenhoek）出生於荷蘭德爾夫特的一個普通工匠家庭。幼年時的雷文霍克對大自然總是充滿著濃烈的好奇心和求知欲，他總是以自己特有的方式去探索著周圍的世界，有時他會捉來眾多的昆蟲，然後仔細去觀察牠們的生活習性，有時他也會坐在海邊長久地望著遠方出神，他想像那兒也會有高山、林木、花草。

有一次，好奇的雷文霍克為了弄明白兔子的耳朵的構造，竟把一隻家兔的耳朵割了下來，結果被媽媽狠狠地打了一頓。媽媽知道自己的孩子求知欲很強。她多麼想給他更多上學的機會啊！但是家境困苦，無力負擔。十六歲時，雷文霍克就被送往阿姆斯特丹的一家雜貨鋪當學徒了。

學徒生活是清苦的，因為天天得早起晚睡，忙得不可開交，還時常免不了要受主人的責罵。但雷文霍克不在乎，因為阿姆斯特丹的生活開闊了他的眼界，他親眼看到了以前只聽別人說過的事情。尤為幸運的是他遇到了雜貨鋪對面的那位和善老人。老人博學多聞，家中藏書很多。一有空，雷文霍克就跑到老人那兒借書看，或者請教一些諸如「地球為什麼是圓的」，「天上的星星和地球一樣大嗎？」等問題。老人非常喜歡這個好奇的孩子，總是愉快地回答他的問題，並把書借給他看。

夜晚，當店鋪關門之後，在昏暗的燈光下雷文霍克很快進入另一個世界。他如飢似渴地閱讀著借來的書籍，書裡有神話，有傳說，有歷史，有自然萬物的更迭興衰。這為他以後發明顯微鏡奠定了基礎，並繼而發現了微生物。西元一七二三年，雷文霍克病逝，享年九十一歲。

雷文霍克對書總是愛不釋手，以致燈火時常燒焦他的頭髮。為了節省燈油，他總把燈光撥得很小，以致於他的眼睛越來越近視了。眼睛的高度近視使他忽發奇想：如果能有副放大鏡該多好！有了這樣的鏡子，人們便能看到更多的自然現象，諸如蟋蟀的叫聲是從哪兒發出來的，兔子的耳朵是怎麼構造的，人們便都能看清了。這個新奇的念頭竟是如此牢固地吸引了他，以致於他最後下定決心，要造出一副有神奇魔力的「寶鏡」來。

雜貨鋪的隔壁就是一家眼鏡店的手工作坊，雷文霍克一有空就到那裡去。當他向老工匠們談了製造寶鏡的想法後，老工匠們都被他那異想天開的奇異想法驚呆了。他們日日夜夜磨著鏡片，可是沒有一個人見過這樣的「寶鏡」。他們看著小夥子莊重的神情，知道他不是在開玩笑，其中有一位老人想了想說：「我倒知道這麼件事：去年，我的小孫子把我磨的兩塊凸透鏡疊在一起了，看到他的頭髮竟像小木棍那麼粗，他還看見蒼蠅的眼睛和鐵絲網一樣。不過，我可沒閒心去過問那件事！」言者無意，聽者有心，聽了老人的話，雷文霍克似有茅塞頓開之感，於是他製造「寶鏡」的決心更大了，信心也更足了。

一天早上，雷文霍克終於磨成了一塊小巧玲瓏的凸透鏡。他把一根雞毛放在鏡片下，果然放大了不少，那一根根絨毛都像小樹枝一樣整齊地排列著。接著他又磨製了另一塊同樣的鏡片，按照老工匠的說法，把兩塊鏡片重疊在一起，調好距離了。這就是人類第一架顯微鏡。有了它，人們便有了「神奇的眼睛」。

雷文霍克開始用他的顯微鏡觀察一些很小的東西，像兔子耳朵的血管、蟋蟀的翅膀、羊毛的纖維等等。一切都是那麼新奇，他幾乎不相信在鏡裡看到的東西是用他磨的鏡片看到的。雷文霍克不停地觀察、不停地記錄，每天都有新奇的發現。

功夫不負有心人，西元一六七六年春天，雷文霍克在觀察胡椒為什麼會有辣味時，發現了微生物的存在，並發現了這些微生物是不斷繁殖增長的。

西元一六八〇年，雷文霍克被選為英國皇家學會會員，他一生的探索，數十年的觀察，終於被承認了。作為一個最普通、最平凡的人，雷文霍克沒有想到有一天會成為震驚世界的人，但是歷史最終對他不屈不撓的探索給予了應有的獎賞。

「寶劍鋒從磨礪出，梅花香自苦寒來」，雷文霍克在其顛沛流離的一生中，練就了一套拿手的磨鏡技術，他一生用手工製作了兩百多架顯微鏡，而且一臺比一臺精密。

雷文霍克以堅韌不拔的毅力，創製了歷史上第一架顯微鏡，開啟了微觀世界的大門。他的發現震動了世界，他的功績深刻地影響著人類的命運，也改善了人們今天的生活。他為人類了解自然、駕馭自然做出了不可磨滅的貢獻。

萬有引力定律的確立

牛頓是十七世紀科學革命的巔峰人物，被後人譽為「力學之父」。他的發現為人類生活帶來了翻天覆地的變革，他被認為是人類有史以來最偉大的科學家。他的成就是多方面的。在光學方面，他發現了白光的組成，把顏色現象歸納入光的科學範疇內，從而建立了現代物理光學的基礎；在力學方面，他的運動三定律是近代物理的基本原理，進而明確地表達了萬有引力定律；在數學方面，他是首創微積分學的人；他的《自然哲學的數學原理》(*Philosophiæ Naturalis Principia Mathematica*) 為近代科學奠定了基礎。

牛頓年輕的時候，就相信克卜勒提出的行星按照一定軌道運動的理論。他感到一定有一種隱藏的力量在牽著這些行星，使它們不至於脫離軌道而在天空中亂飛。月亮繞著地球運轉，一定也是有一種力在牽著它；一件東西向地面落下，也是因為被這種力吸向地面。經過深入地思考和研究，牛頓發現任何物體都具有吸引力。經過長時間的研究，他提出了萬有引力定律：宇宙中的任何物體之間，都存在著相互吸引力；各個物體間吸引力的大小，與物體的大小成正比，與它們之間的距離成反比。

然而，牛頓最重要的發現是在力學領域。力學是研究物體如何運動的科學。伽利略已經發現了第一運動定律，它描述了物體不受外力作用時的運動狀態。毫無疑問，在現實中所有的物體都受到外力的作用，因此力學裡最重要的問題是在這樣的環境下物體是如何運動的。牛頓用他著名的第二定律解決了這一問題。該定律堪稱是經典力學中最基本的定律。第二定律（用數學方程表述為 F=ma）說明了一個物體的加速度（即該物體速度的變化率）等於作用在該物體上淨力除以該物體的質量。作為這兩個定律的補充，牛頓又加上了他著名的第三運動定律（該定律說明每一個作用力，都存在一個大小相等方向相反的反作用力），以及他最為有名的科學定律 —— 萬有引力定律。這一組四個定律結合起來形成了一個統一的體系，藉助這一體系，人們可以研究從鐘擺的擺動到行星沿著它們的軌道繞太陽運行等實際上所有的宏觀力學系統的問題，也可以預測它們的狀態。牛頓不僅闡明了這些力學定律，而且他本人還親自運用微積分等數學工具，示範了如何應用這些基本定律解決實際問題。

西元一六七二年，法國人皮卡爾（Picard）由精密的大地測量得出了地球直徑的更準確的數值，西元一六八二年，牛頓根據這個最新的數值，推算出萬有引力係數 C 的理論值，這與由運動學方法測出的實際數值取得了一致，進一步證實了萬有引力定律的正確性。西元一六八五年，牛頓又克服了數學上的困難，嚴格地證明了計算一個均勻的球狀物體對外面物體的吸引作用時，可以將所有的質量看作是集中在物體的中心。困難終於被掃除，牛頓的萬有引力定律終於在西元一六八七年的《數學原理》中正式發表了。

《數學原理》共分三篇。極為重要的導論部分，包括「定義和註釋」、「運動的基本定理或定律」。定義分別是：「物質的量」、「運動的量」、「固有的力」、「外加的力」以及「向心力」，註釋中給出了絕對時間、絕對空間、絕對運動和絕對靜止的概念。在「運動的基本定理或定律」部分，牛頓給出了著名的運動三定律，以及力的合成和分解法則、運動疊加性原理、動量守恆原理、伽利略相對性原理等。這一部分是牛頓對前人工作的一種空前的系統化，也是牛頓力學的概念框架。《數學原理》的出版立即使牛頓聲名大振；它開闢了一個全新的宇宙體系。正是從這裡，人們獲得了用理性來解決面臨的所有問題的自信。

牛頓雖然是位偉大的科學家，卻從來沒有驕傲自滿過，他謙虛地說：「在科學的道路上，我只是一個在海邊玩耍的孩子，偶然拾到一塊美麗的石子。至於真理的大海，我還沒有發現呢！」

對於牛頓的成就，恩格斯在書中概括得最為完整：「牛頓由於發現了萬有引力定律而創立了科學的天文學。」但他的天才對於現代世界產生了更為深遠的影響。因此，根據包括愛因斯坦在內的眾多科學家的看法，牛頓對現代科學的貢獻超過了其他任何一個人，他的研究成果對整個人類文明都產生了決定性的影響。

揭開彩虹的形成原理

在科學面前，連太陽也失去了神祕性。緊接著，所有的天體的神祕性也逐漸消失了。亞里斯多德月上界，月下界的劃分，在科學面前，在更深的認知層次上被完全、徹底地推翻了。

在戴維用電解法發現了許多種新的元素以後，其他科學家也用同樣的方法去尋找新的元素。很快就發現了十幾種新的元素，但是，當人們把能夠電解的物質分析完了以後，就再也找不到新的元素了。要想發現新的元素必須使用新的方法。

於是，光譜分析方法就應運而生了。

用光譜分析的方法在化學新元素的發現中做出了傑出貢獻的是一對非常要好的朋友：本生（Bunsen）和克希荷夫（Kirchhoff）。

本生是一位化學家，克希荷夫卻是一位物理學家，他們兩個人都是德國人，都在德國的海德堡大學教學，而且還是一對非常要好的朋友。本生身材高大，體態魁偉；克希荷夫卻身材矮小，只有他的大個子朋友的一半。本生沉默少言，很難得說句話，而克希荷夫呢，則是有名的愛耍嘴皮。他媽從小就叫他「小尤麗婭」，就因為他長得又小、又矮、又愛說，像個小女孩子。人們無法想像他們兩個人怎麼會成為一對形影不離的好朋友。

其實，這一對好朋友的關係很簡單，克希荷夫是個學者，除去科學，什麼也不想知道，而本生呢，為了自己的科學事業一輩子連婚也沒顧上結，這是兩個把自己完全獻給了科學事業的科學家。他們每天在一起討論著他們共同關心的東西，他們怎麼能不成為好朋友呢？

本生曾經發明過一種煤氣燈，今天這種燈的名字就叫本生燈。他在玩他的本生燈的時候，發現在燈上燃燒的物質不同，產生出來的火焰的顏色也不同。他想：如果能用火焰的不同顏色區分化學元素該多麼省事啊。於是他就開始了這方面的實驗。

本生在實驗中發現：鈉這種元素在我們這個地球上幾乎無處不在，許多物質都含有鈉，而且鈉在燃燒時發出的光很強、很亮，總是掩蓋了其他顏色。在對物質進行燃燒時，很難區分不同的元素，所以他感到很困惑。在一次散步的時候，本生就把自己遇到的困難告訴了好朋友克希荷夫，克希荷夫非常愛說，而光學又正好在他的物理學研究範圍之內。他馬上做出了回答說：「這太好辦了，你不會看光譜嗎？」於是便滔滔不絕地向本生講了光和光譜的知識。

在這次談話以後，兩個好朋友努力合作揭開了化學科學光輝的一頁，他們用光譜分析的方法取得了許多世界第一流的發現。

克希荷夫所說的光譜，就是牛頓在鄉下和他的小妹妹用三稜鏡分解出來的那道美麗的彩虹。牛頓得到的光譜是太陽光譜，由赤、橙、黃、綠、青、藍、紫七種原色組成的。由於不同的元素燃燒時會產生不同的光譜，於是這一對好朋友就開始用光譜分析的方法去尋找新的未知元素了。

用光譜分析有個最大的好處是，無論鈉在燃燒時發出的光多麼強、多麼明亮，在光譜上只是寬了一些，卻掩蓋不了其他元素的光譜了。因此，只要在燃燒某種物質時發現了新的光譜線，那麼，這種物質中就一定含有新的元素了。於是，兩個好朋友就用一盞本生燈開始了他們的科學新發現。

他們兩個不斷地把不同的東西投入本生燈的火焰之中，然後用三稜鏡對他們燃燒時產生的光譜進行分解，從西元一八六〇年四月至十一月，克希荷夫和本生兩個人發現好多種新的化學元素，當他們發現銫和銣的時候，人類已經知道了五十九種元素了。

對科學來說，更重要的是，這兩位科學家把這種方法從地上擴大到了太空。用光譜分析法分析了天體的元素成分。

克希荷夫和本生的研究起源於一個名叫夫朗和斐(Fraunhofer)的科學家。

早在西元一八一四年，德國光學家夫朗和斐為了檢驗他的光學儀器，研究了許多種燈的光譜，想找一種光線為單色光的理想光源。光源沒有找到，這位先生卻發現了許多有趣的現象。其中最為重要的就是發現了以他的名字命名的夫朗和斐線。

夫朗和斐進行研究時也是用牛頓的方法。像牛頓一樣，他也鑽進了一間黑屋子，只留了一條狹縫讓陽光照進去。

第一次，夫朗和斐在狹縫跟前擺了一盞油燈，他透過三稜鏡看到的是有兩條大小和狹縫相等的極其明亮的黃線，並排出現在那條彩色的光譜帶上，這就是鈉的光譜線。

第二次，夫朗和斐把油燈換成了日光，他發現黃線不見了，變成了兩條寬窄相同的黑線。

這引起了他極大的好奇，當他在太陽光的譜帶上仔細尋找時，發現在太陽的光譜上有許多條橫斷在上面的黑線，他數了數一共有五百多條，截斷了太陽光譜，使彩虹變成了斷斷續續的。這就是著名的夫朗和斐線。但是，許多年來，誰也弄不清這些夫朗和斐線是哪裡來的。

克希荷夫認為鈉的光譜和太陽光譜中的雙黑線總是占著同一位置，這絕不是偶然的。於是他進行了一個實驗：他在把本生燈放在狹縫上的同時，讓日光也照了進去，他要看一看這兩種光譜重疊的現象。當太陽光的強度調得較弱時（用毛玻璃擋住口），夫朗和斐線的雙黑線就變成了兩條明亮的鈉譜線，當太陽光稍強時，黃色的鈉譜線消失了，再現了那兩條黑色的夫朗和斐線。然後，他用石灰燈光代替陽光繼續觀察，他發現只要把一個含鈉的燈焰放在石灰燈前，就會出現那兩條黑色的夫朗和斐線了。

兩個好朋友終於明白了，因為含鈉的燈焰吸收了石灰燈發出的鈉光譜，所以才出現了夫朗和斐線，那麼在太陽上，也一定是鈉蒸氣吸收了陽光中的鈉譜線才出現夫朗和斐線。這充分說明了太陽裡含有鈉，那麼，那五百多條夫朗和斐線也一定和其他相應的元素譜線相對應了。

一個新的、意義深遠的工作開始了。

本生和克希荷夫首先在鐵的譜線上找到了六十條各種顏色的線與太陽光的譜線完全相合。緊接著，用同樣的方法——透過元素的譜線與夫朗和斐線對比的方法，這兩位科學家查明了太陽上的三十多種元素與地球上的元素基本上是一致的。

這個驚人的消息立刻傳遍了整個科學界，震動了全球。到了這個時候，在科學面前，連太陽也失去了神祕性。緊接著，所有的天體的神祕性也逐漸消失了。亞里斯多德月上界，月下界的劃分，在科學面前，在更深的認知層次上被完全徹底地推翻了。

由於本生和克希荷夫的巨大成功，許多科學家也紛紛把各種物質送進火焰中去燒，並且使用這種新的方法去尋找新的元素了。

西元一八六一年，英國科學家克魯克斯（Crookes）發現了鉈；

西元一八六三年，德國科學家利赫傑爾（Richter）發現了銦；

西元一八六八年，法國讓森（Janssen）和英國洛克耶（Lockyer）發現了氦；

西元一八七五年，法國科學家列庫克．布阿博德朗（Lecoq de Boisbaudran）發現了鎵；

西元一八七九年，瑞典化學家拉爾斯．弗雷德里克．尼爾松（Lars Fredrik Nilson）發現了鈧；

西元一八八五年，德國化學家溫克勒（Winkler）發現了鍺。

這最後面的三種元素的發現，非常有意思，因為他們都是由一個偉大的預言家，在發現之前早已預言過的。而且這個預言者甚至指出了這些新元素的發現者測定的比重和原子量上的錯誤，在整個科學界引起了極大的震動。

這個預言家就是俄國偉大的化學家門得列夫（Mendeleyev）。

由於元素週期律是在原子論的基礎上產生的，所以在講門得列夫的驚人發現的故事之前，還得先講一下古希臘原子論的新生。

地球繞太陽運行的科學證明

用自己發明的望遠鏡觀測天空，發現了亞里斯多德的錯誤，以實際觀察證明了地球不過是圍繞太陽旋轉的一顆行星。

伽利略（西元一五六四至一六四二年）是義大利著名的物理學家、天文學家和數學家。

青少年時期，伽利略雖然接受的是古典教育，但他思想活躍，對自然現象有敏銳的觀察力和思考力，大學時，對數學和物理產生了濃厚的興趣，並且發表了有關重心和力學方面的論文。

由於伽利略才華畢露，西元一五八九年沒有獲得過任何學位的伽利略受聘比薩大學任數學教授。西元一五九二年，伽利略又來到了位於威尼斯的帕多瓦大學任教，同時主要從事力學研究，在物體的斜面運動和拋物線運動方面又做出了重大的發現。透過仔細觀察和認真分析，伽利略總結出物體做斜面運動時的一些重要原理。英國大科學家牛頓在伽利略這些發現的基礎上將其概括為有名的慣性定律，成為牛頓三大運動定律中的第一定律。

由於帕多瓦大學學術氣息濃厚，思想也不太壓抑，因此在該校任職期間是伽利略的科學研究活動最鼎盛的時期。他不僅從事力學方面的研究，而且對天文學也傾注了極大的興趣。西元一六九〇年，伽利略把自己磨出來的兩個鏡片裝在一個圓筒裡製成了第一架望遠鏡，「使五十英里以外的物體，看起來就像在五英里以內那樣」。經過不斷的改進，伽利略把望遠鏡的放大倍數提高到三十倍以上。

伽利略用自製的望遠鏡觀察天空，西元一六一〇年初，他出版了第一本介紹自己觀測結果的書，叫做《星際使者》(*Sidereus Nuncius*)。望遠鏡就像伽利略手中的一把金鑰匙，為人們開啟了探測神祕宇宙的大門，展示了神祕天空的真正面目。

但是觀測和研究的深入開始卻使伽利略的處境變得越來越危險。因為當時的歐洲被封建教會頑固地統治著，他們把亞里斯多德尊為「聖人」，把托勒密的「地心說」奉為神聖不可侵犯的教條，誰要是反對他們的主張，就等於反對宗教，就會受到宗教殘酷的迫害，甚至會被教會處死。義大利哲學家布魯諾就因為積極宣傳哥白尼的「日心說」而被宗教裁判所監禁八年後活活燒死。

伽利略的活動引起了歷史上臭名昭彰的宗教裁判所的注意，於是在西元一六一六年宗教裁判所把伽利略傳到羅馬進行審訊，宣布伽利略的《天體運行論》為禁書，迫使伽利略宣告放棄哥白尼學說，使伽利略受到了深重的打擊。

熱愛科學、追求科學真理的伽利略並沒就此止步不前，就在對彗星又進行了新的觀測和研究之後，他採取了一種更加隱蔽的方式。西元一六三二年在佛羅倫斯出版了伽利略寫的《關於托勒密和哥白尼兩大世界體系的對話》（*Dialogo sopra i due massimi systemi del mondo, tolemaico e copernicano*）（簡稱為《對話》），書中只有三個人，分別代表伽利略、托勒密和哥白尼，他們在四天的時間裡以對話的形式討論了哥白尼的日心說和托勒密的地心說。由於寫作方式非常巧妙、隱蔽，這本書竟然通過了羅馬教會的審查，得以正式出版發行，這不能不說是伽利略在策略上取得的一次勝利。

在《對話》這本書裡，伽利略用大量的科學事實論證了日心說的合理性，批駁了地心說的荒謬性。這本書形式新穎獨特，語言生動活潑，是科學史上的一部傑作，因此受到了人們的熱烈歡迎。當教會的神學家搞清這本書的真正意圖之後，他們便更加惱羞成怒。西元一六三二年八月，羅馬宗教裁判所宣布禁止出售《對話》，教皇命令組成一個專門委員會審查伽利略，讓體弱多病的伽利略立即到羅馬接受宗教裁判所的審訊。在嚴酷的審訊和刑法的折磨下，風燭殘年的伽利略被迫違心地在法庭上當眾表示懺悔，並在判決書上簽字，就在簽字之際，伽利略曾喃喃地說：「不管怎樣，地球依然在轉動。」伽利略最後被判終身監禁。即使在這樣惡劣的條件下，仍然沒有熄滅燃燒在伽利略心中的那一簇科學聖火。由於朋友的幫助，他又陸續發表了一些著作和論文，其中最重要的是西元一六三八年出版的《關於兩門新科學的討論和數學證明》(*Dialogues Concerning Two New Sciences*) 一書。西元一六四二年一月八日，伽利略的生命之火熄滅在他的終身監禁地。

然而，真理是擋不住的，伽利略對自然科學的貢獻為世人所公認，他追求真理的精神也為後人所仰慕，三百多年後的西元一九七九年，羅馬教皇出面為伽利略沉冤昭雪，代表著科學的偉大勝利。

在當時看來，伽利略微弱的呼聲被狂熱的宗教所吞沒，但是真理不在於人數的多寡。

光本質的探索與證明

光本質的爭論由來已久。

在十七世紀已出現了關於光是一種「作用」還是一種「實體」的爭論。後來逐漸發展成為兩種學說，一種是以牛頓為代表的微粒說，簡而言之即認為光是從光源發出的物質微粒流，在均勻的媒質中以一定的速度傳播；另一種是以惠更斯（Huygens）提出的波動說為代表，認為光是一種振動形式，以波的形式向周圍傳播。

笛卡兒可以看成是波動說的第一人。但是他在談到視覺效應時，把光比作脈衝波動，否認是一種微粒，而在解釋光的折射和反射時又運用物體的碰撞運動來比喻，所以他在光本質的看法上是模糊的。

十七世紀的伽森狄（Gassendi，西元一五九二至一六四五年）主張的是「微粒說」。西元一六三八年，他進一步研究了古代原子論思想，並認為物質本身是一種堅硬粒子組成的，這些粒子在各個方向上運動，數量極多。

原子論是當時人們了解物質結構的基礎，而且幾何光學在當時已相當成熟，所以人們很自然地把光看成是粒子流，這樣就宣告了光的直線傳播和反射定律，而且也可以與折射定律不發生矛盾。這種學說支持率很高。

十七世紀末，惠更斯提出光的波動說。在發表的《光論》(*Traité de la lumière*) 專著中，惠更斯認為光的運動不是物質微粒而是媒質的運動，即波動。

惠更斯指出：「假如注意到光線向各個方向以極高的速度傳播，以及光線從不同的地點甚至完全相反的地方發出時，光射線在傳播中一條光線穿過另一條光線而相互毫不影響，就會完全明白這一點：當我們看到發光的物體時，絕不可能是由於從它所發出的物質，像穿過空氣的子彈和箭一樣，透過物質遷移所引起的。」

與聲波、水波類比，惠更斯從光速有限性論證了光是球面波。

惠更斯原理是：在波的傳播過程中，波陣面上的每一點都是新的水波的中心，這些水波的包絡就給出了波陣面的新位置。

此學說很好地解釋了光的反射與折射現象，以及方解石的雙折射現象。後來，這被丹麥科學家巴爾多林在西元一六六九年證實。

但是惠更斯認為光是縱波，這樣他無法解釋光的干涉、衍射和偏振。並且，惠更斯否認光波具有週期性。

西元一六六五年，虎克在《顯微術》一書中主張「光是一種振動」。他認為光是在稀薄的媒質中傳播，是一種橫向振動。

牛頓認為波動說的缺陷在於：

其一，光如果是波動，應該有繞射現象，但是沒有觀察到這種繞射；

其二，方解石雙折射現象的解釋並不完備確鑿；

其三，波動說所依賴的介質很值得懷疑，至今不能證明。

牛頓其實不是完全排斥光的波動說。他認為當光投射到一個物體上時，可以激起物體中粒子的振動。牛頓還提出了光的週期性。

這兩個學說有一個理論推導而互相矛盾：微粒說認為，光在折射時，密媒質中的光速大於疏媒質中的光速，波動說認為恰恰相反。因為實驗條件無法滿足，所以均不能證實。兩種學說一直在爭論。

在十八世紀，可能由於牛頓的崇高地位，人們普遍認可微粒說。

然而在十九世紀，湯瑪士．楊格（Thomas Young）和菲涅耳（Fresnel）使波動說復興。

湯瑪士．楊格是醫學博士，兼通哲學、數學、考古、音樂以及繪畫。

西元一八〇〇年，楊格發表了〈關於光和聲的實驗〉論文。他提出否定微粒說，理由是：

第一，強光和弱光的速度是相同的，微粒說不能很好地解釋這個現象；

第二，光線從一種介質進入其他介質時，部分發生反射，部分發生折射，微粒說十分牽強。

湯瑪士．楊格在實驗的基礎上推匯出了干涉原理，這就是波動光學的基本原理。干涉現象是波的共同特徵。光的干涉即同一光源的同一部分上發出的兩列光，在交迭的空間某些地方出現亮度與顏色的變化。

西元一八〇七年《自然哲學講義》（*A Course of Lectures on Natural Philosophy and the Mechanical Arts*）中，楊格描述了雙縫干涉的實驗。由於學界氣氛的落後與守舊，楊格的重大發現沒有引起重視，直到菲涅耳的波動說確立。

菲涅耳是法國物理學家，由於反對拿破崙，曾經入獄。西元一八一九年，他與阿拉哥一起證實了光是一種橫波。有意思的是，權威院士帕松（Poisson）認為，如果光是波的話，把小圓盤放在光束中，則在小圓盤後面一定距離處的螢幕上盤影的中心點就會出現亮斑。

但帕松認為出現亮斑是很荒謬的事情。然而這恰恰成為菲涅耳理論正確性的證明。

菲涅耳與湯瑪士．楊格交流經驗，互相促進，打破了統治已久的微粒說。

此外，西元一六六九年和一八〇八年，丹麥巴塞林納斯和法國馬呂斯（Malus）引進了「光軸」與「光的偏振」，偏振表明光是橫波。

波動說提出的新問題是光的媒介。人們一般認為光的媒介看不見摸不到，稱之為以太。物理學家基於光是機械波的認知，不斷修正和補充以太模型，但始終不理想。

馬克士威（Maxwell）建立了統一的光學與電磁學理論，光被看作是電磁波，機械以太被電磁以太所替代。

以太問題始終是經典物理的一大隱患。

光的本質之爭並沒有澄清，一直到愛因斯坦。

彈性定律的提出

羅伯特．虎克曾經幫助波以耳（Boyle）改進抽氣機，他與牛頓同一時代。在力學方面，虎克的貢獻最為突出，他是很早就探索萬有引力的科學家，並且對萬有引力的發現做出了重大貢獻。

虎克比波以耳年輕，是波以耳的助手。波以耳對他的影響是很大的。他因此走上了自然科學研究的道路。

虎克年少時體弱多病並且因為患天花而使臉上留下了麻子。他小時候沒能接受正式教育，但聰明好學的他對新物理學表現得具有超常的領悟能力。

虎克是做實驗的大師，他自己製造了顯微鏡，「細胞」一詞也是虎克首創的。本來，虎克用這個詞來稱呼他在顯微鏡下發現的軟木片上的那些小孔，但後來人們發現，這些小孔充滿複雜的液體，是生命組織的基本成分，因此便把它們稱作「細胞」了。

虎克在使用顯微鏡時提出了光的波動學說。他在理論方面取得的成就沒有在實驗方面的成就大，但虎克定律卻是一個重大的理論發現，當然是他在實驗的基礎上總結而來的。

虎克定律其實是研究萬有引力的副產品，但虎克本人沒能了解清楚萬有引力，卻意外地發現了「虎克定律」。

為了研究萬有引力，虎克開始在不同地點測物重。在高山、平地、深深的礦井中多次測量進行比較，他想證明自己的一個假設：受到吸引力作用的物體，越靠近引力中心，比如說地心，其吸引力越大；地球上的物體離地心遠，其所受吸引的力量就會減小。

在這個過程中，需要測出物體的重量，而不是質量。虎克曾被尊稱為現代儀器製造之父，所以他心靈手巧早就名聞遐邇。根據彈簧的變化，虎克想進一步弄清楚具體的數量關係，以求能稱重量。

他用相同重量的物品一個一個加掛在彈簧上，記下彈簧的長度，然後重複實驗，記下準確數據。最後，虎克對數據進行整理，發現了一個簡單而又不為人所知的規律：彈簧的伸長長度和掛物的重量成正比。

他發現，彈簧總是傾向於回到自己的平衡位置，這種傾向表現是一個彈性力，這個力的大小與彈簧離開平衡位置的距離成正比。

這就是虎克定律，也就是彈性定律。

西元一六七八年，虎克將這項發現公布於世，十分實用。近代的材料力學利用這個理論來計算物體的形變，而手錶的發明更可以看成是這個理論的直接產物。

虎克還了解到，地球和地球表面物體存在某種引力，否則，人們得到的現象應該是好比雨傘旋轉與雨傘上的水滴被甩出去一樣。可惜虎克未能在實驗中證實他自己關於萬有引力理論的一些假設。

虎克是一流的技術實驗型物理學家，他做過金匠、木工等工作，製出過風速計、氣候鐘、雨量計、驗溼器等儀器。

電荷相互作用現象的發現

西元一七八五至一七八六年，法國物理學家庫侖 (Coulomb) 發現了電荷相互作用的定律，這一定律代表著電學成為科學。

庫侖本來學習的是工程與建築學，也就是說，他是一位工程師。庫侖曾經在法國巴黎的軍事工程學院學習，那時他開始閱讀牛頓的有關著作。

在十八世紀四十年代，荷蘭的實驗中發現了玻璃瓶儲電現象，物理學教授馬森布羅克 (Musschenbroek) 發明了萊頓瓶 (Leyden jar)。這種設備其實很原始，它卻在電的研究上起了巨大的作用，因為電無法觸控，更不好控制。

人們早期研究電現象時，只是忙於觀察放電以及導電等性質，還不知道電的度量。在靜電研究中，到底怎樣測定電量是一道難題。

在靜電研究工作中，有兩個人的工作我們要充分肯定，即卡文迪許 (Cavendish) 和庫侖。

卡文迪許是科學怪人。

現在世界上有著名的卡文迪許實驗室，就是劍橋大學為紀念這位偉大的科學家而建立的。卡文迪許終生未婚，獻身科學研究。

他是英國人，貴族出身。因為他的性格鬱鬱寡歡，很孤僻，不愛湊熱鬧，也不把研究成果發表出來，只是一味地研究，所以他被稱為「科學怪人」。後人了解到了他的價值，而他在當時並不為人所注意，只是因為他的遺稿被人發現，許多天才的創見才沒有被埋入地下從而得見光明。

卡文迪許用英國地質學家米切爾（Michell）發明的扭秤測出了萬有引力常數，在電學方面做出了富有開拓性的工作。但是，直到半個世紀之後，他的工作才被人發現。卡文迪許取得了當時世界第一流的成就，但是由於淹沒了五十多年，因此已經有別的科學家提出了某些論點。沒能充分利用上卡文迪許的研究，是物理學界的遺憾，這主要與卡文迪許本人有關。

卡文迪許用扭秤測萬有引力常數，庫侖用扭秤測量電荷之間的相互作用力。

西元一七七七年，庫侖從磁羅盤的研究出發，發展並深化了扭轉的有關理論。他證明出，物體如果發生簡諧振動，扭力和扭轉角成正比。同此，庫侖自己研究出來測量微小作用力的扭秤。

庫侖發明的扭秤，其實是一條很輕的水平鐵片。在鐵片中點上，繫著一根長長的細鐵絲，整個裝置掛在玻璃匣之中，這樣就是扭秤了。

庫侖把一個帶電的球放在鐵片一端，另一個帶電的球放在鐵片的另一端。這樣，扭秤就會轉動。從而可以發現兩個帶電球體間的作用力。庫侖計算出，這力與球體中心間的距離成平方反比。

雖然如此，庫侖發現了電荷間的電力關係，但是具體電流量的大小很難測出。

卡文迪許所用的方法是感覺法。他用手指抓住電極的一端，電流要麼到腕關節，要麼到肘關節，甚至到身體，由此來估量電流是強還是弱。

這終究不是長久之計。庫侖想出一個中間物體。他最終發現，電的引力或斥力與兩個小球上的電荷之積成反比。他和卡文迪許都了解到了這一點。

電學定性定量分析從此開始了，人們把這個關係稱為庫侖定律，它和牛頓萬有引力定律出奇的相似。大自然真是奇妙莫測，滲透玄機。

天王星的首次觀測與確認

在十八世紀以前，人們只知道太陽系的六大行星，金星、水星、地球、火星、木星和土星。那時的人們認為土星是太陽系的邊緣，土星是離太陽最遠的行星。

西元一七八一年三月十三日，在英國居住的德國天文學家赫歇爾（Herschel）觀測星空。他用望遠鏡觀察金牛座，搜尋恆星。

正是晚上十點多，是觀察星星的大好時機。整整七年了，赫歇爾養成的習慣是每晚觀測星空。他自己成功製作反射式望遠鏡，用來求得準確的結果。

突然，有一個暗藍色的天體在星座間緩緩移動。用赫歇爾自己的話來說，「星雲狀恆星或彗星」顯出了圓面。根據顏色和形狀判斷，這不是恆星！

沒有恆星能夠在望遠鏡裡顯出圓面，這是赫歇爾的經驗。連續觀察幾天後，赫歇爾發現這顆星的軌道近似一個圓，也就是說，與行星相似，而它的軌道在土星的外面，這個發現太令人激動了。

原來，很多人其實看見過這個新星，不過都把它當成了恆星，有人把它當成了彗星，連赫歇爾一開始也誤認為它是一顆彗星。

不容置疑的證據是：望遠鏡中出現了圓面，就這樣，新的行星發現了。

天文學界轟動了，而英國也被震動了！太陽系被擴大了，哥白尼「日心說」又新增了有力的證明。人們的視野更加廣大，思維更加開闊了，十九世紀另外兩顆行星就是受此影響發現的。

西元一七三三年十一月十五日，弗里德里希·威廉·赫歇爾出生於德國的漢諾威。他的父親是一名樂器演奏員，在軍隊中服役。

十四歲時，赫歇爾就接了父親的班，當上了軍樂隊裡的樂手。但是他並不想當兵，於是辭去了職務，搬到英國居住。在英國，他賴以謀生的手段是教授音樂。他做過樂隊指揮，後來還當了教堂風琴手，同時教人音樂演奏。這樣，赫歇爾的收入還很可觀。

但他不僅要養家餬口，還要進行研究。他對天文發生了極大的興趣，讀了光學和行星的著作，於是觀察天空。但要觀察天空，必須要有望遠鏡。

望遠鏡很貴重，好的望遠鏡更加貴重。於是赫歇爾決定自己做，因為他實在買不起貴重的望遠鏡。他自己反覆製作打磨，做出了一架十分優質的望遠鏡。

後來，赫歇爾的妹妹也到了英國，兄妹二人都是天文愛好者，二人一起做望遠鏡，就這樣，西元一七七四年他們做出了世界上最好的望遠鏡。正是這架望遠鏡，使赫歇爾取得了驚人的發現。西元一七八七年，他們又製成了口徑為四十五公分的中型望遠鏡。西元一七八九年，赫歇爾又製成了口徑是一百二十二公分的望遠鏡，這是他一開始製作的望遠鏡的八倍。

就這樣，一名默默無聞的音樂人成為舉世聞名的天文學家，人們稱讚他是天空開路人。

新的行星發現了，如何命名呢？

有的提議，就叫「赫歇爾」星吧，這可不行，赫歇爾反對說：「我是一個平凡的人，不能因為有一點點成績就居功自傲。」

按照慣例，新發現的人擁有命名權。赫歇爾和大家討論來討論去，最後同意，就依照前面五大行星吧。前五大行星的命名都是統一的希臘神話中神的名字。於是，天文學家波德起了一個名字：烏拉諾斯（Uranus）。

在希臘神話中，烏拉諾斯是土星神名（Saturn）所代表的神的父親。中文在翻譯時譯成了天王星。

赫歇爾就是發現天王星的第一人，他的妹妹是人類歷史上第一個女性天文學家。

因為這巨大的發現，赫歇爾如願以償地成為一名職業科學家。西元一七八一年，皇家學會決定吸收赫歇爾為會員。

英王喬治三世（George III）親自接見這位異邦僑居的而且是業餘的科學家，冊封他為皇家天文學家。他的每年薪水達到兩百鎊，可以專門從事天文研究。

赫歇爾研究了星團和星雲。

他發現，在茫茫宇宙的區域裡，很多地方的恆星密度十分大，恆星集中，遠遠高於其他天域，於是他想到這應該是恆星成團出現。他的先進的望遠鏡，使得很多被誤認為是星雲的恆星團以真實的面目呈現在世人面前。當然，星雲也確實存在，這一點赫歇爾業已指出。

西元一八〇〇年的時候，赫歇爾用十分精確的溫度表進行實驗，他研究太陽光譜的各種色光的熱作用。在這個過程中，赫歇爾發現了太陽光中的紅外線作用。他科學地推測出了紅外輻射的性質。

在赫歇爾那裡，誕生了彩色光度學。

他對雙星的研究做出了重要的貢獻。他發現了在恆星中有互相繞行的雙星現象。人們大多數情況下都認為雙星之間是純粹偶然，沒有必然的規律。赫歇爾卻告訴人們，雙星存在著科學的引力作用，牛頓定律不僅僅在地球和太陽系，就是在遙遠的恆星上，萬有引力的定律也是正確的，雙星就是宇宙空間內萬有引力定律的強而有力證明。

西元一七八二年，赫歇爾發表了雙星表，記載了共兩百二十七對雙星，到西元一七八四、一八二一年兩次增加，共增加五百七十九對。

赫歇爾對天文的觀測一向以準確、精細著稱。

他對恆星採用計數的測量方法。他先確定好星空位置，一步一步地、詳詳細細地把這個位置內的恆星數出來，做好紀錄。

透過恆星計數，赫歇爾發現太陽系可能是處在銀河系中心附近的地方，而不在銀河系的正中心。現代的觀測證明了他的推斷。

透過恆星計數，赫歇爾還發現銀河系的形狀，他指出銀河系是一個扁平狀的圓盤一樣的數以億兆計的星體組成的物體。

西元一七八三年，赫歇爾取得了又一重大的天文學成就。這可以算為他的幾大重要功績之一。他透過研究數顆恆星的運動，發現太陽系正在發生偏移。太陽自己也在運行，它不是在空中不動，而是朝武仙座以極其緩慢的速度推進。

只不過因為這實在太微小了，人們難以覺察出來。赫歇爾打破了太陽靜止的假說。更進一步說明，茫茫宇宙沒有中心，太陽系也不是真正的中心。這些論證和天才的布魯諾的哲學推測相符。讓我們更加讚嘆布魯諾的天才預見能力，也更加緬懷這位人類進步史上真正的英雄。

赫歇爾製作的最先進的望遠鏡是在十個助手的協助下完成的，這是一架巨型望遠鏡。整整用了四年時間，赫歇爾才完成了四十英呎長、口徑四十八英寸的望遠鏡的製作。

利用先進的天文望遠鏡，他發現了土星的兩顆衛星。

但是這個大望遠鏡因為太重而變了形。

赫歇爾在南非的好望角建立了天文臺。

他的兒子約翰·赫歇爾（John Herschel）也成為著名天文學家，父子二人共同建立了英國皇家天文學會，他榮任第一任會長。

西元一八二二年八月二十五日，赫歇爾逝世。

這位自學成才的天文學巨匠，是十八世紀最偉大的天文學家。

哈雷彗星的發現

西元一七五八年十二月二十五日，那顆美麗的彗星按照哈雷的預言如期地出現在了天幕上，引起了全世界巨大的轟動。

哈雷發現西元一五三一年、一六〇七年和一六八二年出現的三顆彗星的運行的軌道十分相似，他認為這可能是同一顆彗星。於是哈雷動手利用牛頓的理論進行了精確的計算，結果完全相符。西元一七二〇年哈雷擔任了英國格林威治天文臺臺長，並且向科學界宣布了他的計算結果：「人們在一六八二年看到的大彗星就是一六〇七年那顆彗星的回歸。而且它還將在一七五八年底或一七五九年初重新出現，再次接近地球。」這件事情引起了巨大的轟動。一七五八年十二月二十五日，彗星如期出現了。預測得到了證實，牛頓的理論受到了實踐的檢驗。從此以後，這顆大彗星就以哈雷的名字命名了。

再次驗證牛頓理論正確性的是海王星的發現。一直到十九世紀，人們已經發現了七大行星。但是人們發現，最外面的天王星的運行規律與計算結果總是不符。英國天文學家亞當斯（Adams）和法國天文學家勒威烈（Le Verrier）都分別同時從萬有引力定律出發，計算出在天王星外面還有一顆未被發現的行星，天王星運行軌道的不規則就是這顆未知的行星的引力造成的。他們還從牛頓的理論出發，計算出了這顆未知行星的位置，這個預言發表不久，西元一八四六年，德國天文學家哥爾雷（Galle）就在這兩位科學家計算出來的軌道上發現了這顆新的行星，並取名為海王星。海王星的發現再次驗證了牛頓理論的正確性。

牛頓經典力學理論的成熟代表著科學發展的一個巨大的高潮，愛因斯坦的相對論並不是替代牛頓理論，只不過是使牛頓的理論更精密化了，擴大了它的適用範圍。直到今天，牛頓的理論依然是物理科學中最優美的那一部分。

在這裡我們可以清楚地看到近代自然科學發展的全過程哥白尼→第谷．布拉赫→克卜勒→伽利略→牛頓。

哥白尼：提供了一個嶄新的宇宙體系，一個科學的世界圖景。

第谷．布拉赫：提供了精確、系統性的觀測數據。

克卜勒：確立了行星運動三定律，提供了一個完美的運動模式。

伽利略：提出了一系列最重要的理論和概念。最後，由牛頓進行了科學的綜合和總結。這個時候，經典力學已經成熟了，理論的普遍性已經幾乎橫跨了我們今天所能了解到的從一至四十四個數量級。（電子半徑大約十的負十六次方公分，總星系大約十的二十八次方公分）即從原子的結構，一直到宇宙空間。

牛頓的理論是對前人的科學工作的一個綜合，一個總結，也是一個取代。自亞里斯多德以來，人們一直在追尋一種對自然界的解釋，追尋「為什麼」到了牛頓的時代已經完全成為描述性的了，牛頓的《自然哲學的數學原理》只是寫出了「是什麼」而不再追求「為什麼」了。

牛頓的科學成果對以後的兩個多世紀自然科學發展打上了深刻的烙印，他在科學史上是一位真正的巨人。但是牛頓自己卻清楚意識到了追求真理的征途是漫長的，工作還遠沒有結束。在臨終前的彌留之際，牛頓極為謙遜地總結了自己一生的科學發現：「我不過像一個在海濱玩耍的孩子，為時而發現了一塊光滑的石子或一個美麗的貝殼而感到高興，但是那浩瀚的真理的海洋，卻還在我的面前未曾被我發現呢！」

愛因斯坦對這位科學的先驅是非常崇敬的。他說：「牛頓自己比他以後許多博學的科學家更明白他的思想結構中固有的弱點。這一事實常引起我深深的敬佩。」

牛頓時期多次發生了關於科學發現的優先權的爭論。

在微積分創立的優先權問題上，是牛頓與萊布尼茲(Leibniz)的爭論；在光學和萬有引力定律問題上是牛頓與羅伯特．虎克的爭論。這種優先權的爭論充分表明：在這個偉大的時代，自然科學已經成熟了。

自哥白尼的《天體運行論》這篇獨立宣言發表以來，科學已經取得了十分可喜的進展，科學發明發現中的優先權的爭論，是由於科學的進步才產生的。只有一大批科學家向著一個共同的目標發起進攻的時候才會出現這種優先權的爭論，這是自然科學成熟的象徵。在牛頓時代，自然科學的研究在社會上已經得到了極其廣泛的承認。在歐洲的科學社團剛剛出現的時候，基本上是自發的，但後來卻得到了各國政府的資助。儘管在英國皇家學會裡有許多貴族和小姐太太們（在當時，凡貴族無論是否科學家都可入會），但是這恰恰說明了科學的巨大的威力，說明了科學活動已經深入人心，並得到了社會的廣泛承認。

西元一七〇三年，牛頓擔任了皇家學會會長，一七〇五年由於他對科學的重大貢獻，被英王封為爵士。這樣牛頓就由於他在科學上的貢獻成了英國皇室的貴族。以後這幾乎成了慣例，在歐洲許多國家都採用這種方法，許多在科學史上占有重要地位的偉大的科學家都獲得過貴族的稱號。

從西元一六六五年牛頓開始他的科學研究工作，到一七〇五年牛頓成為貴族這個時期，正好是中國自然科學逐漸從世界領先地位開始衰落的時期。在近四千年的封建社會裡，沒有出現過一件因為自然科學上的貢獻而被封建統治階級所器重的事。長期的封建反動統治，八股取士和科舉制度，使知識分子一直追求著「讀書做官」這一條路，因此使中國一直沒有出現歐洲那樣對自然界的系統性的、深入的、分門別類的研究。

在牛頓的科學研究中，花在化學、煉金術上的時間非常多，他生前雖然沒有出版這方面的著作，但是，在他死後，人們在他的手稿中發現了許多這方面的研究和實驗紀錄。許多人對牛頓研究煉金術、研究聖經和啟示錄的工作非常不理解。實際上，很可能牛頓自己已經深刻地了解到了他的理論並不是堅不可摧的。他對煉金術的研究，對啟示錄的研究可能都是在為他的理論尋找支撐點。

由於牛頓理論的巨大成功，使得各門學科的研究在相當長的時間內，始終處於牛頓的思想體系的影響之下。著名的數學家拉格朗日（Lagrange）就把牛頓的《自然哲學的數學原理》一書稱為人類心靈的最高產物，他認為牛頓不但是人類歷史上最偉大的天才，也是最幸運的天才。他說：「世界只有一個人能做它的定律的解釋者。」在牛頓的墓誌銘上，人們稱讚他說：「他以幾乎神一般的思維力，最先說明了行星的運動和影像，彗星的軌道和大海的潮汐。」這種觀念代表了那個時代整個科學界的觀念，這使得牛頓的影響遠遠超出了經典力學的範圍之外。

雷電現象的科學解析

今天，稍有常識的人都知道雷電是一種自然現象，但千百年來，我們的祖先都無法對此做出正確解釋。東方人認為雷電是雷公、雷母要懲罰做壞事的惡人；西方人則普遍相信「雷電是上帝發怒」的說法。一些有識之士，試圖解釋雷電的起因，都沒有成功。直到十八世紀中期，美國著名的科學家、政治思想家富蘭克林（Benjamin Franklin）才揭開了這一自然之謎。

西元一七四五年冬，電學界傳出一個驚人的消息，德國科學家克萊斯特（Kleist）和荷蘭科學家馬森布羅克幾乎同時發現了電震現象，並製作了萊頓瓶。所謂萊頓瓶就是為電而造的一座「倉庫」，可以把電荷儲存起來。當人接觸到帶電的萊頓瓶時，就會受到強烈的電擊，同時它還會產生出電火花和「噼啪」的爆裂聲，向人們顯示了電的威力。不過，當時科學家們對這種蓄電器的作用和原理還不清楚。儘管如此，萊頓瓶第一次實現了電可以人工控制的理想，人們可以用摩擦出來的電，進行許多電學現象的觀察了。

西元一七四六年秋，蘇格蘭一位科學家來到波士頓，當眾做了萊頓瓶蓄電的表演。這次表演在波士頓引起了極大的轟動。四十歲的富蘭克林觀看表演後，立刻被它吸引住了。

他立即想方設法購買了實驗儀器，來探索其中的奧祕。

經過多次實驗，富蘭克林得出了一些重要結論：電火花並不是由摩擦產生，而是被收集起來的；電是一種在物質中瀰漫著、又能為其他物質特別是水和金屬所吸引的基本要素；萊頓瓶外金屬箔上所帶的電荷和裡面所帶的電荷恰恰相反：一邊是正電荷，一邊是負電荷，它可以用數學上的正負概念來表示和說明。富蘭克林得出的這些結論，是當時最為科學的，他揭開了萊頓瓶的祕密，他把正電與負電用正號 (+) 和負號 (-) 表示，是電學史上的一個創舉。從此，電學開始走向準確的定性方向。

富蘭克林把自己的實驗結果，寫信寄給了倫敦皇家學會，並被編成《富蘭克林在美國費城所做的電學實驗和觀察》一書出版。這本書問世後，立即轟動了歐洲和美洲。緊接著，富蘭克林又對雷電現象產生了強烈的興趣。隨著富蘭克林對雷電的研究越來越深入，他越來越覺得，雷電發生時，它的閃光和聲音，跟萊頓瓶上正負電荷短路時發生的現象十分相似。於是他大膽斷定：雷電是自然界的電，它和萊頓瓶中的電是同樣性質的。接著，富蘭克林又做了進一步的設想：既然萊頓瓶裡的電可以引進引出，那麼自然界的雷電也應該能透過導體引到地下。頓時，他的腦海裡閃現出科學思維的火花：在教堂的頂端裝上一根尖形的金屬棒，再用電線把金屬棒與地面相連。這樣，就能將空中的電引到地下去，同時確保了教堂的安全。

西元一七五二年五月，富蘭克林得到一位法國朋友的幫助，在巴黎豎起了一根十二公尺高的鐵桿進行了實驗。當一片烏雲飛過鐵桿時，用手指接近鐵桿，果然冒出了火花，從而證明了從鐵桿上引下來的雷電，其性質同萊頓瓶中的電是相同的。但是，富蘭克林對這樣的實驗並不滿足。他決定不惜以生命為代價做一次驚人的實驗：把天上的雷電引進萊頓瓶裡去！

西元一七五二年七月的一天下午，天氣悶熱，天色昏暗。富蘭克林帶著他的兒子，來到渺無人跡的曠野裡。父子倆準備了一個大風箏，這個風箏是用絲綢做的，風箏的頂端裝有一段長長的鐵絲，牽引風箏的是一根麻繩，繩的末端繫著一塊綢帶，在綢帶和麻繩之間還掛了一把鑰匙。他們還帶來了一個萊頓瓶。突然間天空烏雲滾滾，狂風陣陣，雷聲隆隆，捕捉天電的好時機到來了。他們立即行動起來，看準風向，風箏被迅速地放入高空。

隨著風雲積聚，一道耀眼的閃電劃破天空。一塊烏雲從風箏上空迅速地滾了過去，傾盆大雨自天而降。霎時，富蘭克林發現，繩子上的纖維都豎起來了。原來，金屬線已經吸收了雲的電荷，並把它引到了風箏線上。富蘭克林用手指靠近繩子上下移動，說也奇怪，繩子上那豎起來的纖維，竟會隨著手指的移動而上下擺動。他小心地用手指觸了觸鑰匙，只聽「噼啪」一響，一個藍色的電火花跳了出來，他的手腕一陣發麻。這說明：風箏上的鐵絲傳導了雷電，被淋溼了的牽引線又把雷電傳到了下面的金屬鑰匙上。接著，富蘭克林再把風箏升高一些，把鑰匙接在萊頓瓶上，開始將雷電儲存起來。

收回風箏後，富蘭克林父子提著萊頓瓶急忙趕回家。他想證實的是：天上的雷電是否已儲存在萊頓瓶裡，又能否把它再從萊頓瓶中引出來。到家後，他用儲存在萊頓瓶中的電，做點燃酒精燈的實驗，結果，火花馬上點燃了酒精燈，這項實驗的成功說明了閃電確實是一種放電現象，它和實驗室的電火花完全一樣。電閃雷鳴是天空中的「萊頓瓶」在放電，雷雨雲是一個電極，大地是另一個電極。舉世聞名的電風箏「費城實驗」，打破了天電是「聖火」之類的神話，雷電之謎終於完全被揭開了。

富蘭克林的實驗和觀察又導致了避雷針的發明。這是電學的首次應用，也是一次重要的應用。富蘭克林建議在建築物屋頂設定尖頭金屬桿，並把與金屬桿相連線的導線引到地面，這種避雷針能使雲層安全放電，因而能保護建築物本身。西元一七八二年，僅費城一地採用的避雷針就有四百根。如今兩百五十年過去了，避雷針仍然忠實地屹立在世界各地的高大建築物上。

富蘭克林在電學理論方面也做出了不可估計的貢獻。他提出了著名的「電荷守恆」概念，創造了許多電學用語，這些專業詞彙在現代電學中仍然使用，例如：正電、負電、電池、電容器、充電、放電、電擊、電工、導體等等。

此外，他還有許許多多的發明創造，尤其是改進了火爐，發明了老年人戴的雙焦距眼鏡。他設計了一種結構合理，既可節省燃料又容易散熱的新式火爐，後來被命名為「富蘭克林式火爐」。火爐發明後，專利局的人誠懇地對他說：「您為人類造了福，所以您應該擁有專利，作為我們對您的酬謝。」富蘭克林回答道：「不！該受我酬謝的人多著呢，難道我們在日常生活中享受別人的發明還少嗎？我覺得，要是我做出了一點小小的發明，我就應該把這個發明慷慨地獻給大家，作為我享受別人發明的酬謝。」

富蘭克林不僅是一位科學家，以其科學發現和發明贏得人們的尊敬，而且還以自己偉大的人格和在政治、社會活動中的傑出貢獻受到美國人民的衷心愛戴。

蒸汽機的發明和工業應用

西元一七四〇年代的一個寒冷冬天，在蘇格蘭格林洛克鎮的一座房子裡，一個小男孩正站在熊熊爐火面前，對著一隻沸騰的開水壺出神，他愣愣地看著白色水蒸氣從壺嘴和壺蓋開縫的地方不斷噴出，壺蓋被頂起又落下，發出有節奏的「嗒、嗒」聲，百思不得其解。這時他的奶奶走了進來，他連忙迎上去問道：「奶奶，水怎麼會把壺蓋頂起來呢？」「傻孩子，水開了，就有許多氣冒出來，是氣把蓋子頂起來的呀。」「哦，氣的力量真大呀！」小男孩若有所思地閃了閃眼睛。這個愛思考問題的小男孩，名叫詹姆士．瓦特（James Watt），後來成為人類第一臺具有實用價值的蒸汽機的發明者，並開創了人類的一個新時代——蒸氣時代。

瓦特出生於西元一七三六年一月十九日。他的父親是一名造船工匠，並且經營各種海運，有一個修理廠。其母是一位有著豐富知識的家庭婦女。瓦特生來體弱，性格孤僻，經常請假不能正常上學，因此，功課也不是很好。但他的求知欲非常強烈，特別喜歡幾何學。由於身體不好，瓦特中學沒有畢業，就退學回到家中自學。瓦特後到父親的工廠裡學習技術，操作各種工具。經過幾年的磨練，他先後學會了木工、金屬冶煉和加工、機械製造、儀器修理等多種工藝，為後來的發明打下了堅實的基礎。

西元一七五三年，瓦特的父親經商失敗，接著母親去世，家中一貧如洗。十七歲的瓦特被迫外出謀生，到格拉斯哥一家鐘錶店當學徒。兩年後又到達倫敦，在著名機械師摩爾根門下為徒。西元一七五六年，他回到了蘇格蘭，瓦特本想自己開業製造器械，但是由於他的學徒年限不夠，不符合市政當局的要求，只得經朋友介紹，在市政當局管轄的格拉斯哥大學當了一名修理教學儀器的工人。不久，一位商人向格拉斯哥大學捐贈了一大批天文儀器，但很破舊，不能正常運轉。瓦特主動承擔了修理這些儀器的任務，並很快修復了。一位教授由衷地稱讚道：瓦特是一個機械知識豐富，非常機敏和具有過人才能的年輕人。

西元一七六三年，又有人送給格拉斯哥大學一臺損壞了的蒸汽機模型。瓦特被指派全權負責修理，讓這臺機器發動起來，供學生做實驗用。誰也沒有想到這竟成為瓦特在人類歷史上留下偉大功績的開端。

蒸汽機是一種利用水蒸氣把熱能轉變成機械能的動力裝置。人類對蒸氣的了解和利用，經歷了一段較長的歷史。英國君主立憲制確立後，英國的工業迅速發展，珍妮紡紗機和水力紡紗機等機器的使用日益廣泛，但動力問題卻成為擴大機器生產的「瓶頸」。西元一七〇五年，英國鐵匠紐科門(Newcomen) 製成了可用於礦井抽水的「紐科門蒸汽機」。但因存在著燃料消耗過多，只能往復直線運動，且溫度無法控制的缺點，未能在其他生產部門廣泛採用。

瓦特主持修理的正是一臺「紐科門蒸汽機」，他接受這一任務後很快就把這臺紐科門發動機模型修好了。但他對此並不滿足，透過這次修理，瓦特對蒸汽機的結構、效能和存在的問題有了更多的了解，並且產生了濃厚的興趣，像著了迷一樣。他觀察到紐科門發動機的活塞從根本上說是用機械的力量取代了人的雙手，但是一分鐘只能往返十次，工作效率極低。他決心改進蒸汽機的設計。

瓦特開始學習蒸汽機的原理，根據發動機的原理來考慮問題。他又研究了蒸氣的性質，從蒸氣和燃料的消耗等具體問題開始研究，然後擴大到熱的移動和發動機的關係等抽象問題上。他進行了多次實驗，但仍沒有想出一個改良「紐科門蒸汽機」效率的具體辦法。

在一個晴朗的星期天下午，瓦特正在郊外散步，但他的腦海裡仍然在思考著蒸汽機問題。突然他腦中閃出一個念頭：加裝一個蒸氣冷凝器，就可以彌補蒸氣在汽缸裡冷卻凝聚而過多浪費熱量的重大缺陷。他馬上辭去了在格拉斯哥大學的工作，全身心地投入了試製樣機的工作。在租借的地下室裡，瓦特和他的助手經過反覆實驗，終於在西元一七六八年製成有分離冷凝器的單動式蒸汽機，第二年獲得專利申請。瓦特的蒸汽機比紐科門的蒸汽機有更顯著的優點：它的安全性更可靠，運動更迅速，燃料耗費也減少了百分之七十五。大家都誇獎瓦特的發明。

「不！它只是單動式的。我還要製造聯動式的，讓它更圓滿地運轉！」瓦特並不滿足於自己的成就。

西元一七七四年，瓦特因妻子去世，從蘇格蘭遷居伯明罕。在製造商波爾頓的支持下，繼續製作和改進蒸汽機。西元一七八一年，瓦特採用了行星齒輪機構，使蒸汽機從往返運動變為旋轉運動。西元一七八二年，瓦特製造了更為完善的聯動式蒸汽機，功效提高四倍。西元一七八四年他又發明了平行連桿機構，使蒸汽機具有更廣泛的應用性。一年後，英國出現了第一座採用蒸汽機作為動力的紡紗廠。西元一七八八年瓦特發明了離心調速器和節氣閥。西元一七九〇年，製成汽缸示動器，最終完成了蒸汽機的整個發明過程。從此，效能優越的瓦特蒸汽機完全取代了老式紐科門發動機。

從技術角度而言，瓦特蒸汽機與紐科門發動機有著質的差別，紐科門發動機的活塞運動一部分靠蒸氣推動，另一部分靠外界的大氣壓力推動。而瓦特蒸汽機採用密封氣缸，活塞運動完全靠蒸氣的推力，所以才堪稱世界上第一臺蒸汽機。此外，把離心調節器用於蒸汽機，創造了動力單位——馬力，也是瓦特的功勞，離心調節器是一種透過過程本身的變化來控制過程的裝置。自動化的興起雖然是二十世紀以後的事，但它起始於瓦特。調節器這個詞，透過希臘語，為我們提供了一個現代語 —— 控制論。

從研究方法的角度來看，瓦特沒有進入當時手工藝人的行列，也未受過高等教育。但他找到了觀察了解和研究探索蒸汽機的新道路，就是從科學和實用兩個方面去分析發動機是如何工作的。這是現代技術專家所特有的研究方法，因此我們把瓦特稱之為第一位現代技術專家一點也不過分。

瓦特的發明，使人類獲得了一種把熱運動轉化為機械運動的機械裝置，從而滿足了社會對動力能源的需求。工廠開始了大規模的生產，工廠工人取代了手藝工人。西元一八〇七年，美國人富爾敦（Fulton）把瓦特的蒸汽機裝在輪船上，從此輪船通航世界；一八一四年，英國人史蒂芬遜把瓦特的蒸汽機裝在機車上，從此鐵路交通遍及五大洲。蒸汽機的廣泛使用，最終促成了英國和歐洲的工業革命，引起了社會生產力的驚人發展。它是科學技術史上具有偉大意義的第一次技術大革命。

人們為了紀念瓦特的偉大發明，把發電機和電動機的功率計算單位稱為「瓦特」，簡稱為「瓦」，並一直沿用至今。

由「火空氣」到氧氣的發現過程

十八世紀的最大化學家是拉瓦節（Lavoisier）。其實在這一名稱後面，還有一個令人遺憾的故事。

舍勒（Scheele）是一名卓越的藥師，他一生秉持「研究化學，造福人類」的信條，做出了許多貢獻。但是由於他發表的時間晚於別人，許多工作被同時代的人在他後面做出而先於他發表，因此喪失了優先權。

不過，現在的人們了解到了他的重大貢獻，人們在化學史的發展中也牢記了他的名字。

從古代起，人們就認為空氣是一種氣體，「氣體」一詞是海爾蒙特（Helmon）發明的，因為從他開始，發現自然界中的氣體是多種多樣的。

西元一七七二年，卜利士力（Priestley）發表了論文「對各種空氣的觀察」，記載了很多氣體。

西元一七七四年，卜利士力發現，空氣裡加熱水銀可以得到一種物質，其實就是我們現在所稱的「氧化汞」。當時卜利士力稱之為礦灰。

卜利士力把礦灰放在集氣裝置中加熱，想看看有沒有氣體生成，結果真的收集到了一種新的氣體，這種氣體不溶於水，但是可以助燃。後來他偶然吸入這種空氣，感到十分舒服。當時，卜利士力曾經開玩笑地說：「這種氣體會不會成為消費品而被人搶購呢？迄今為止，這種能使精神振作、疲勞緩解的氣體只有老鼠和我本人吸過。」

卜利士力發現的就是氧氣，不過他仍然信奉燃素說，所以他把這種氣體命名為「脫燃素空氣」。卜利士力到死，都不相信拉瓦節的氧化理論。

舍勒於西元一七四二年生於瑞典的波美拉尼亞（Pommern），現今德國的一部分。

他十四歲起，便做了學徒，所幸的是，他是在藥房裡工作，因此成為了一名藥師。借這個工作的便利，舍勒一生發現了許多化學物質。

在實驗中，舍勒發現空氣不是一種氣體。他了解到了兩種成分，其中的一種不助燃，他稱為不吸引燃素。另外一種助燃，他稱這種助燃的空氣為火空氣。

舍勒也是燃素說的忠實信徒。他發現的「火空氣」就是氧氣。

但他的有關著作在西元一七七五年送出印刷時，出版商沒有及時付印，結果晚了兩年。而這時大家都知道卜利士力發現了「脫燃素空氣」。

舍勒只活了四十四歲。他研究化學，首先是從興趣出發，為人類的發展做貢獻，造福世界。

在三十二歲時，他被瑞典皇家科學院應徵為院士。很多科學研究機構、大學都請他去教學或做顧問，許以高薪和令人羨慕的職位，但是舍勒都婉言謝絕了。

他只願意繼續研究，在平凡的小鎮上做一名平凡的藥師。在藥劑試製的過程中，他發現了多種酸。

西元一七八二年，他製得了游離狀態的氫氰酸，後來又發現了磷酸、鉬酸、砷酸、五倍子酸、乳酸、重石酸等等，此外還有大量的脂類品種發現，如醋酸酯、鹽酸酯、硝酸酯、苯甲酸酯。

西元一七六八年，舍勒發現了對現代人類的生活有很大影響的氯化銀的分解。他把硝酸銀與鹽酸混合，生成白色沉澱氯化銀。當氯化銀在陽光下的時候，變成黑色。

這一原理就是廣泛的攝影所採用的化學方法，可以沖像洗像。

西元一七七四年，舍勒發現二氧化錳與鹽酸可以反應，結果兩者相遇冒出了氣味難聞的黃綠色氣體，刺激性極其強烈。舍勒發現了這種氣體的性質：有漂白作用和腐蝕金屬的作用，並微溶於水，而且毒性很大。

這正是一種新元素。可惜舍勒沒能正確地揭示出來這一現象，因為他相信燃素說，結果失去了發現新元素的機會。

舍勒做出過許多發現，但是由於他的了解有失誤，對許多新事物視而不見，結果失去眾多的機會。例如氧氣，他雖然發現了，也沒能夠準確解釋出其本質，錯誤的舊有觀念束縛了他的研究，這在科學史上留給我們許多警示。

舍勒是為化學事業獻身的，他研製出新的藥品，總要嘗一嘗。長期以來，他便因慢性中毒而過早去世了。

他依然是人們所尊敬的探尋者。

「器官相關生長律」的提出

居維葉 (Cuvier)，法國地質學家、古生物學家、比較解剖學家、動物學家。

西元一七六九年，居維葉出生於蒙貝利亞爾的一個胡格諾教徒家庭。小時候的居維葉體質十分虛弱，幸虧母親的悉心照料才沒有夭折。但他十分聰明，天賦極好。母親經常教他學習各種知識，他一般聽一遍就記住了。他最喜歡的是各種風景畫和布豐 (Buffon)《自然史》(*Histoire naturelle*) 中精美的彩色插圖。在十五歲那年，居維葉有幸進入德國斯圖加特的卡羅琳學院學習比較解剖學。西元一七八九年法國大革命爆發，居維葉的資助人、蒙貝利亞爾的弗雷德里克公爵被迫退職，居維葉失去了繼續接受教育的經濟來源，被迫退學到諾曼底一位伯爵家裡去做家庭教師。

居維葉在伯爵家一邊做家庭教師，一邊利用業餘時間從事生物學研究。一個偶然的機會，居維葉遇到了農學教授泰希爾 (Tessier)。泰希爾在詳細了解了居維葉的情況以後，對他極為欣賞。回到巴黎後，泰希爾向巴黎自然博物館館長聖提雷爾極力推薦居維葉，自稱在「諾曼底的糞土中獲得了一顆明珠」，建議聖提雷爾在巴黎自然博物館裡為居維葉安排一個研究職位。聖提雷爾接受了建議，寫給居維葉一封邀請信，歡迎他到巴黎自然博物館來工作。從此，居維葉的生命歷程又掀開了新的一頁。

居維葉對於生物學的一大貢獻，就是提出了「器官相關生長律」。要對古生物進行研究，只能透過化石。可是在長期的地質變遷中，完整的生物化石很難保存下來，只能找到一些零碎的殘片。這為古生物學的研究工作增加了很大的難度。居維葉經過大量的考古研究後認為，每一個有機體都是一個完整的系統，它的每一個部分都必須與整體統一、協調，存在著必然的連結。這樣，我們只要對一隻爪、一片肩胛骨、一條腿骨、一個肋骨或其他任何部位的骨頭進行考察，就可以判斷出它屬於哪類動物的一部分，也可以據此推斷這一動物其他部位的特徵。例如，古生物學家只要看到一個偶蹄的印記，就可以得出結論：它是一個反芻動物留下來的。

可是，當居維葉剛提出器官相關生長律時，很多人都對此持懷疑態度。有的甚至挖苦、嘲諷他。為了驗證自己觀點的正確性，居維葉決定進行一次實驗。他叫人從巴黎郊區的古生物化石遺址中任意取來一塊化石，進行表演。化石只露出了一丁點牙齒，其餘部分均被岩石覆蓋。居維葉仔細觀察了一會兒說：「這是負鼠的化石」，並立即在紙上畫出了負鼠的草圖。當人們仔細剝開整個化石時，果然發現它是負鼠化石。人們無不感到驚奇。這次實驗充分證明了居維葉「器官相關生長律」理論的正確性。後來，人們為了表彰居維葉的功績，將這種負鼠命名為「居維葉負鼠」。

居維葉的學生不相信老師真有這樣神奇的本領，決定搞一次惡作劇，對老師進行一次小小的測試。

在一個風雨大作、電閃雷鳴的夜晚，居維葉臥室的窗外出現了一隻怪獸。這隻怪獸頭上長著一對尖銳無比的硬角，脖頸上金黃色的毛一根根地豎起，眼睛裡冒著陰森可怕的綠光，張著血盆大口，露出一排銳利的牙齒，似乎餓極了。在閃電的光亮中，居維葉看見牠不時地用前蹄敲打著窗戶，嘴裡似乎發出一陣陣的吼叫。

當居維葉第一眼看見這隻怪獸時，心裡確實大吃一驚。但當他看到那對尖銳的硬角和不斷敲打窗戶的前蹄時，頓時就放下心來。他點起了油燈，隔著窗戶端詳起這隻怪獸來。立刻，他就明白了這是一起惡作劇。他衝到門外，一把抓住怪獸，把牠拖到了屋裡。

惡作劇被識破了，學生們哈哈大笑起來。居維葉望著這些淘氣的孩子，不由得也和他們一起大笑起來。

之後，一個學生問他：「居維葉教授，您為什麼不怕這隻怪獸呢？」

「這隻怪獸雖然看起來十分可怕，但一看牠的一對硬角和前蹄，我就知道牠是草食性動物，根本不會吃人，相反只會怕人。你們應該學會利用動物器官相關生長律去分析問題啊！」接著，居維葉又詳細講解了他識破學生惡作劇的理由。

居維葉一生著作頗多。西元一八〇〇至一八〇五年，他發表了三卷本《比較解剖學講義》(*Leçons d'anatomie comparée*)，一八一二年又發表了四卷本《四足動物骨骼化石研究》，一八一七年發表了四卷本鉅著《動物界》(*The Animal Kingdom*)，一八二五年提出了《地球表面的災變論》(*Discours sur les révolutions de la surface du Globe*)。他在法國科學界享有崇高的地位，被稱為「生物學的獨裁者」。

西元一八三二年五月十三日晚上九點四十五分，居維葉因染上霍亂病在巴黎逝世，終年六十三歲。

黑洞的發現與探索

天文學上的「黑洞」，並不是指野外的黑洞，而是指一種特殊的天體。一般認為，「黑洞」是恆星演化後期的產物之一。

早在十八世紀時，法國著名科學家拉普拉斯（Laplace，西元一七四九至一八二七年）按照牛頓力學曾經提出，可能有一種質量很大的天體，它的引力大得連光線也無法射出來，因而是看不見的，後來的研究者，根據愛因斯坦的廣義相對論推論出質量為M的天體存在一個臨界半徑R，在R裡面引力強大到使光線都不能發射出來。這種天體被人稱為「黑洞」。

黑洞的半徑R為：

$Rc=2GM/C^2$

式中M為天體的質量，G為萬有引力常數，C為光速。這個R稱為黑洞的「引力半徑」，或稱為史瓦西半徑（Schwarzschild radius）。一個天體，如果它的半徑縮小到史瓦西半徑以下，就成為「黑洞」了。

由引力半徑的表示式可以知道，由於分母是光速的平方，光速是每秒鐘約三十萬公里：三乘以十的十次方公分，分母數值高達九乘以十的二十次方。天體要形成黑洞的話，一定是很小的。例如，我們太陽（質量為地球的三十三萬倍）的直徑約一百三十萬公里，如果壓縮成半徑三公里的球，它就成為一個「黑洞」。而我們的地球如壓成三公釐大小的微粒，也就成為「黑洞」了。

黑洞的巨大引力，會使它周圍的一切物體都被吸入，因此，它是一個「無底洞」。而任何物體，無論是人，還是動物，或是火車、汽車，一旦落入黑洞，就被黑洞內部引力場所摧毀。在黑洞內部不存在任何類型的物質結構。黑洞僅有質量、電荷自轉的差別，在其他方面無差別。黑洞的這個特性，有時就稱為「黑洞無毛髮定理」。毛髮是比喻性的。從毛髮的顏色、長度、類型，可以區別不同的人。因此毛髮可作為人的一種特徵。黑洞是「光禿禿」的圓球。

黑洞有自轉運動，因而有角動量。黑洞可能有電荷，但不清楚是帶正電還是帶負電。但無論如何，黑洞只要有電荷，它對外界，就有電磁的作用。電磁的同性相斥、異性相吸的特性是普遍存在的。

黑洞還有一個特點，那就是英國著名科學家霍金（Hawking）提出的：兩個黑洞可以相碰，合成一個黑洞，其合成的黑洞視介面積（即表面積）一定不小於原先兩個黑洞視介面積之和；但是一個黑洞不能分成兩個黑洞。這稱為「黑洞面積不減定理」。就是說黑洞在變化中，視介面積只能增加，不能減小。

更令人驚奇的是，黑洞還會「蒸發」。這個概念也是霍金於西元一九七四年提出的。「蒸發」就是一種量子輻射。計算表明，相當於一個太陽質量的黑洞，「蒸發」掉的時間約十的六十六次方年。這個數字比已知最古老天體的年齡要大不知多少倍。因此可以認為，恆星級的黑洞（雖然有量子輻射）的大小幾乎沒有變化。

黑洞不發光，所以用光學望遠鏡不能觀測到它，但是黑洞有強大的引力，可以對它鄰近的天體發生作用，而被我們間接發現。

西元一九七〇年「自由號」衛星及一九七八年「愛因斯坦 X 射線天文臺」衛星上天以後，發現了許多 X 射線源是雙星。人們認為這些 X 射線雙星很可能包含了黑洞。

最引人注意的有天鵝座 X-1，圓規座 X-1 與天蠍座 V861 等。

天鵝座 X-1 是一顆極特殊的 X 射線雙星，主星是一顆藍色超巨星（編號為 HDE226868），視星等為九等，表面溫度為兩萬五千克氏溫度，質量約為三十個太陽質量。

此雙星系統的繞轉週期為五點六天，但是伴星則未見到。天鵝 X-1 的 X 射線強度不斷發生快速變化，變化的時標從一毫秒到幾十秒。強度變化十幾倍。由此推知射線源的直徑必定小於一千公里，那就是一個很小的射線源。

光譜分析發現，從主星有物質流向不可見的伴星區域，而伴星的質量至少為六個太陽質量（另一種估計為十至十五個太陽質量），已超過中子星的極限質量，被認為是一個黑洞。

高溫的大量物質很快地擠到黑洞周圍的薄盤（稱為「吸積盤」），猛烈摩擦產生高溫而發射出 X 射線。吸積盤的半徑約為一百六十萬公里，而 X 射線是從離黑洞只有三千公里處的吸積盤內邊緣發射的。

從觀測到理論都確認，天鵝座 X-1 是一個黑洞。但是持謹慎態度的科學家卻認為，還應當進一步研究確定。還有其他一些黑洞的候選者。比較而言，它們是黑洞的可能性都不如天鵝座 X-1。

上面介紹的是恆星級的黑洞，那麼星系級的，甚至更大的黑洞有沒有呢？

早就有人提出，在我們銀河系核心有大黑洞，估計這個黑洞的質量約為一億個太陽質量。它在吸積周圍的氣體物質時，會輻射強大的無線電波與紅外光。對銀心方向的觀測，的確發現有這些輻射。但是從銀心方向來的電波與紅外光，也可以用別的因素來解釋，所以銀河系核心大黑洞仍是個懸案。

在河外星系，特別是在活動星系核中，也可能存在大質量的黑洞。

奇妙的黑洞，仍然是當代天文學上的重大研究題目。

詹納揭開了牛痘的祕密

西元一七四九年五月十七日，詹納 (Jenne) 出生於英國一個牧師家庭。他曾跟隨一位外科醫生學習八年。之後又跟隨當時最有名的英國醫學家約翰．亨特 (John Hunter) 研究醫學。亨特為了觀察淋病膿菌的病因，在自己身上感染了淋病膿菌。詹納深受亨特獻身科學精神的影響，並與亨特保持了終生的友誼。

獲得了醫學學士稱號之後，勤奮的詹納回到了自己的故鄉，開設了一家醫院。當時，每年都要發生好幾次天花流行病。眼看著天花病人痛苦地死去，自己卻無能為力，詹納感到很痛苦。所以開業不久，他就開始對防治天花進行研究，決心找到防治這可怕疾病的辦法。

中國很早就發明了種痘術這種方法，之後傳入俄國、土耳其、朝鮮、日本和歐洲一些地方。像土耳其人，他們把症狀較輕的天花患者的皰疹液接種到自己身上，因此而獲得免疫力。西元一七一八年，英國貴族蒙塔古夫人 (Lady Montagu) 從土耳其旅行歸來後，為她的幾個孩子接種了生痘，結果她的幾個孩子都未感染天花。這種方法逐漸傳播開來，但它畢竟有很大的危險性。

詹納對蒙塔古夫人的方法也許毫無所聞，但他確實聽到家鄉廣泛流傳的一種說法，即牛痘既可以傳染給牛，也可以傳染給人，誰種過牛痘，誰就不會得天花。他也觀察到，只要得過一次天花，皮膚上留下了疤痕的人，再也不會得第二次天花，而且，擠奶姑娘和牧牛姑娘都未得天花。問題就產生了：牛痘和天花到底有什麼關係呢？難道牛痘能預防天花嗎？

詹納決心解決這個問題。他開始對家畜進行仔細觀察，並對牛痘進行了二十多年的研究。最後，他終於發現，水疵病和牛痘，都是天花的一種，而且只要患過一次天花不死，就能獲得永久對抗天花的防護能力。天花不僅危害人類，同樣也襲擊牛群，幾乎所有乳牛都出過天花。擠奶姑娘和牧牛姑娘因為總是和牛打交道，感染上了牛痘，就具有了抵抗天花的防疫力。牛痘的祕密終於被揭開了。

接著，詹納進一步仔細地閱讀了有關種痘術的報告，並對牛得天花和人得天花的關係進行了系統性的觀察和對比，得出了這樣的結論：不能接種危險的人類天花的痘苗給人，而只能接種不危險的牛痘疫苗。而且牛痘苗可以由一個人傳給一個人。

之後，詹納決定對人進行牛痘的人工接種，以此預防天花。西元一七九六年五月，詹納親自主持了這次人體實驗。在當時，他從擠牛奶姑娘尼母斯手上取出牛痘皰疹中的漿液，接種到一個八歲小男孩菲普斯身上。兩個月後，他再給這個兒童接種真正的人類天花漿液。結果，這個兒童沒有感染上天花。為了慎重起見，詹納還想重複這一實驗。為了找到一個明顯的天花患者，他不得不等待了兩年。重複實驗也獲得了成功。實驗證明，那個男孩確實獲得了免疫力。詹納終於發現了有效而且安全的預防天花的辦法。

英國皇家學會對詹納的發現的反應卻是否定的，傲慢的會員們不相信一個鄉村醫生會做出如此偉大的貢獻。詹納並沒有因此而放棄自己的工作。他繼續為人種痘，繼續從事研究。他還了解到，牛痘苗只有在發展到一定階段時，才具有免疫性。

在實踐面前，一切懷疑、反對都被粉碎。用種牛痘的方法來預防天花，終於獲得了應有的地位，而且在歐洲傳開，英國皇室的人也終於接受了種痘。為了鼓勵種痘，西元一八〇三年，皇家詹納協會成立，詹納任該會會長。天花所引起的死亡在十八個月之內就下降了三分之二。之後，詹納把獲得的資金投入到進一步的研究工作和種痘法的實際應用中。

西元一八二三年一月二十四日，詹納去世，終年七十四歲。

燃燒氧化原理的確立

推翻了流行的「燃燒素」理論，提出了科學的燃燒氧化理論。

西元一七四三年八月二十六日拉瓦節出生於巴黎一個富有的律師家庭。幼年喪母，由姑母撫養長大，他生來便身體羸弱。由於他的父親是一位很有名望的律師，與當時的科學界名人來往頗為密切，拉瓦節在很小的時候就受到了科學的薰陶，並逐漸對科學產生了濃厚興趣。他父親為此為他請了一位家庭教師，教他數學、天文學和化學，為他將來的科學研究打下了良好的基礎。但這位父親卻希望拉瓦節子承父業，於是把拉瓦節送到巴黎的索爾蓬納學院法律系學習法律。然而年輕的拉瓦節對科學鍾情不改，在大學除了學習法律以外，還經常去聽該校著名化學家盧埃爾的化學課，在這裡，他了解了波以耳的元素說，也接觸到了當時影響深遠的燃素說。

拉瓦節涉獵廣泛，好疑深思。西元一七六六年，在他二十三歲時寫了一篇關於大城市照明問題的論文，受到法國科學院的注意，並被授予金質獎章，這使他了解到了自己的科學研究能力，便放棄了律師職業而專門從事科學研究活動。次年夏天，他隨同著名的地質學家詹·格塔爾做了一次地質考察。這一探險活動對他很有吸引力，因為他既可以鍛鍊身體，又能滿足強烈的好奇心。他於十月底回到巴黎時，不僅身體強壯了，而且成了一個態度嚴謹的科學家。二十五歲時，他就被選入巴黎科學院，這對年輕的拉瓦節來說，不僅是一種榮耀，更是一種鼓舞。從此，他開始信心百倍地投入到各種科學研究活動。

當時西歐的化學界，在燃燒的原因上，「燃燒素」學說占統治地位，拉瓦節很早就發現了燃素說的矛盾，決心透過自己的實驗揭示燃燒的真正原因，並預感到這必然要在化學上引起一場革命。他每天都在自己的實驗室做大量的實驗，以飽滿的熱情迎接這場革命的到來。他在實驗室裡得到的第一個重要結論就是質量守恆定律，他認為，在化學反應前的反應物總量與反應後生成物的總量是相等的，而且化學反應前後化學元素保持不變，只是發生了元素之間的替換而生成新物質。正因為他堅信這一原理，當他進行燃燒實驗時，就致力於鑑定燃燒時是什麼使得可燃物在燃燒時灰燼發生了變化，最終導致氧化說的誕生。

和其他科學革命一樣，氧化理論提出之後，遭到了保守的化學家們的反對，普列斯特列、舍勒、卡文迪等許多曾為化學發展作出貢獻的化學家都不接受氧化說。但真理終將戰勝謬誤，氧化學說很快得到了年輕一代科學家的歡迎並傳播開來，而燃素說則在歷史中與思想保守的老一代化學家一同葬入墳墓。

正當拉瓦節在化學界掀起革命並取得勝利的時候，另一場即西元一七八九年的法國大革命爆發了，拉瓦節卻成了被革命的對象。他因為在舊制度下當過包稅人而在西元一七九三年被捕入獄，並在一七九四年五月八日被送上了斷頭臺。後來，法國著名數學家拉格朗日感嘆道，砍下拉瓦節的腦袋只需要一瞬間的功夫，但產生這樣一個腦袋，恐怕一百年也難得。拉瓦節的死是科學史上悲慘的一幕，留給後人深刻的歷史教訓。

大膽懷疑，小心求證，是一個科學家成功的必需特質。

庫克發現南方大陸的航行紀錄

不管你是不是一位熱衷於航海的探險者，在中學課本的歷史書上，你也許早已熟悉了麥哲倫、哥倫布、達伽馬、迪亞士……

你也許曾為達伽馬的發現新航線而激動；你也許曾被麥哲倫環球航行的壯舉所振奮；你也許曾對殖民者的殘酷暴行而憤慨：你也許曾對殖民地人民的血淚斑斑的悲慘遭遇灑一捧同情的淚水……

但你可能不熟悉航海史上另一位偉大的探險者 —— 庫克船長 (Captain Cook)。英國航海家庫克船長歷盡千辛萬苦，幾次航海，填補了地圖上的許多空白，揭開了「南方大陸」的神祕面紗。他的事蹟，成為人類航行海上一朵絢麗的奇葩。

在地球的南半球，在浩瀚無垠的太平洋西南面，有一塊古老而又孤獨的陸地 —— 澳洲大陸。它是地球上面積最小的一塊大陸，也是世界上最大的一個「島嶼」，所以又有「島大陸」之稱。澳洲四面環水，東臨太平洋。西瀕印度洋，北隔帝汶海和阿拉弗拉海與印尼遙遙相望。大陸沿岸分布著大大小小、疏密不等的島嶼。澳洲大陸的東北部淺海上，蜿蜒著一系列世界上規模最大的珊瑚礁，形成一條天然的防波堤，故名大堡礁。巨大的珊瑚化石裡棲息著的海洋動物種類之多，居世界之首。

澳洲動物極為奇特。它沒有高等哺乳動物，直至今日還保存著比較原始的哺乳動物——有袋類動物和單孔類動物。有袋類動物有袋鼠、袋熊和袋貂等。袋鼠被常用作代表澳洲的代表。鴨嘴獸和針鼴是目前世界上僅有的兩種單孔類動物。鴨嘴獸是澳洲的國寶。澳洲的鳥類也有數百種之多，其中琴鳥、鶬鶓和黑天鵝尤為珍奇。

古希臘羅馬時期，澳洲就闖進了人們的想像領域。人們傳說在印度洋南部的天水相接之處，存在著一塊南方大陸，它與北半球的大陸地塊相對稱，以維持地球的平衡。大約二世紀時，希臘天文學家和地理學家托勒密曾經繪製過一幅地圖，地圖中把想像中的南方大陸用拉丁文表明為「Terra Australis Incognita」(即「未知的南方大陸」)。但是由於當時受經濟條件和航海技術的制約，希臘人和羅馬人的航海活動主要限制在地中海和黑海，對於「未知的南方大陸」只能望洋興嘆。

十五世紀初期，明朝正處於國力強盛、經濟繁榮時期，皇帝為「耀兵異域，示中國富強」，派三寶太監鄭和率領龐大的船隊，先後七次下西洋，訪問了亞非許多國家，在東南亞地區，鄭和到過馬來半島、爪哇和蘇門答臘一帶。西元一四三二年，鄭和甚至可能到達澳洲的北部海岸，在今達爾文地區登陸過，但是沒有確切的文字記載。

十五世紀以後，由於西歐各國商品經濟發展和資本主義生產關係萌芽，歐洲商人和封建主都狂熱追求作為商品交換的手段——貨幣，渴望獲得製造貨幣的貴金屬——黃金，因而遍地掀起了一股瘋狂的「黃金熱」。特別是十三世紀末威尼斯商人馬可波羅在遊歷中國、印度和東南亞各國之後，著的《馬可波羅遊記》一書，對東方世界的「黃金遍地，香料盈野」讚不絕口，這本書當時在歐洲廣為流傳，風靡一時，激起了歐洲人對於繁榮富庶的東方的強烈的羨慕和嚮往。

自從十五世紀土耳其鄂圖曼帝國入侵地中海領域，控制了東西方貿易的傳統商道之後，歐洲商人更迫不及待地試圖探尋一條繞過地中海東部，直接通往印度和中國的新航路。西歐造船技術的進步，中國指南針的傳入，都為開闢新航路奠定了基礎。

西元一四二九年，義大利人哥倫布橫渡大西洋，發現了美洲；一四九八年，葡萄牙人達伽馬從海上繞過非洲，順利到達印度；一五一九至一五二二年，葡萄牙人麥哲倫統領船隊，完成了世界上第一次環繞地球一周的航行。

新航路的開闢，不僅證明了「地圓學說」，也使中世紀時期幾乎被淡忘的「未知的南方大陸」的有關傳說重新興盛起來。「未知的南方大陸」被說成是地大物博、遍地黃金白銀的神祕之所，被想像成人間的樂園。許多歐洲的地圖上都繪有人們腦中想像出的各種形狀的「未知的南方大陸」，有的甚至將它與南極洲連在了一起。

西元一七六七年，庫克船長帶領全船八十四人，其中包括以大生物學家約瑟夫．班克斯（Joseph Banks）為首的幾位科學家，經過半年多航海，到達了風光明媚、景色如畫、被稱為太平洋王后的塔希提島。這裡海面平展如鏡，四周是美麗的珊瑚礁圍繞，從海邊到山頂，長滿各式各樣的茂盛的植物，花香果碩，椰林高聳，真像一個人間仙境。這裡是波利尼西亞文化的搖籃，島上的毛利人能歌善舞，對船員們十分友好。船員們可以拿玻璃球和碎布片換取他們的水果和魚肉，並在島上做了地理學、人種學、植物學的考察，最後還帶走了兩個島民去做翻譯。

庫克把人員分成兩組，建起觀測所。西元一七六九年六月三日，庫克和天文學家格林分頭對金星淩日現象觀察了六個多小時，但雙方誤差很大，要核對卻是件難事，因為要等到西元二〇一二年才能再一次遇上金星淩日的機會。

他們還在塔希提島附近，繪測了十幾個火山島的海圖，為了紀念皇家學會，把他們命名為學會群島。

遵照海軍部命令，庫克船長一直向南航行，但直到南緯四十二度十二分的位置，仍然看不到大陸的影子，而南方來的長長的湧浪表明了再向南去也不會有大陸，於是向西航向紐西蘭。在沿岸繪測過程中，庫克發現自己的航跡呈一個大『8』字，也就是說，紐西蘭並非大陸，而是由兩個大島組成。為了紀念庫克，兩島之間的海峽，被命名為庫克海峽。

在世界文明史上，十八世紀是人類對地球了解最深刻的一個世紀。在這個世紀裡，絕大部分的島嶼和海洋都被人考察過了，取了名，測繪了海圖，地理上的許多空白都得到了填補。庫克船長就是其中的一位代表人物。他的名字，將以第一個專門從事科學考察的航海家而載入史冊。庫克船長和其他的歐洲航海家，歷盡艱難曲折，終於完成了澳洲地理大發現。這是除南極洲外，世界各洲中最晚被發現的一洲。是歐洲資本主義發展、世界航海技術進步和航海經驗累積的產物，也是西方殖民主義者推行擴張政策、尋找海外殖民地的結果。從此，孤立落後的澳洲大陸開始捲入世界發展的潮流。

電流的磁效應現象的發現

麥可·法拉第（Michael Faraday）於西元一七九一年出生於英國的紐因頓。他的父親是個鐵匠，家境貧寒，所以法拉第沒有受過正式教育。五歲隨全家定居倫敦，十二歲開始做報童。十三歲到訂書店當學徒，一直當了八年。這個工作對他的一生產生了很大影響，使他有機會讀了很多科學書籍，其中對他影響最深的是《大英百科全書》（*Encyclopædia Britannica*）和《化學漫談》。他根據自己所學知識，利用節儉來的點滴零用錢購買一些簡單的器材，做一些簡單的化學實驗，開始了他最初的「科學研究」。西元一八一二年，在別人的幫助下，他幸運地聽了英國皇家學會會長、著名科學家戴維的四次演講，立即被這些演講所吸引，並希望「進入科學部門工作」。他大膽地把這個願望寫信告訴了戴維，同時附上精心整理和帶有插圖的聽講筆記。戴維自己幼年喪父，十五歲輟學，當過學徒，也是靠自學走上科學研究道路的，所以對法拉第的身世和熱愛科學的精神深表同情。西元一八一三年三月推薦法拉第到英國皇家研究院實驗室當他的助手，同年十月，法拉第隨戴維前往歐洲大陸進行學術考察，從而學到不少科學研究方法，開闊了眼界。西元一八一六年發表了第一篇論文。一八二一年擔任皇家研究院實驗室主任，開始轉向電磁學的研究，並於十年後發現電磁感應定律，奠定了經典電磁學的理論基礎。

法拉第永遠是一個努力工作不斷學習的人，只有工作與學習才會使他快樂，才會使他感到滿足。西元一八六七年八月二十五日，他坐在書房中的一把椅子上看書時，平穩地停止了呼吸，安詳地死去，終年七十六歲。

電流的磁效應的發現，揭示了電與磁有著內在的連結。法拉第了解到奧斯特（Ørsted）的實驗之後，於西元一八二一年九月三日重複了奧斯特的實驗：他把小磁針放在載流導線周圍的不同的地方，發現小磁針有環繞導線作圓周運動的傾向。這使他立即想到：既然電可以產生磁，為什麼磁不可以生電呢？電是一種很有價值的東西，伏打電池造價昂貴且電力不足，磁石到處都有，如果用磁來生電，電的造價就會便宜，那麼其意義就不僅僅局限於實驗室裡，而會和人類的日常生活連在一起，具有不可估量的社會效益和經濟效益。

從那以後，法拉第進行了大量的實驗，他將磁石插進一個銅線圈，再接上電流計，沒有電流。他用一根通電的導線去接近未通電的鐵絲，又改用一個大磁石，用電流計去測也沒能發現鐵絲中有電流產生。是自己的想法錯了嗎？不會的！法拉第深信自然界各種力是統一的，而且可以相互轉化。電和磁也應該統一並可以轉化，何況由實驗得知電能生出磁來，那麼磁也一定會產出電來！正是這種堅定的科學信念，法拉第孜孜不倦地進行了十年實驗，一種方法失敗了，又換另一種方法，一個實驗不成功，再來另一個，在西元一八三一年八月二十九日，他終於成功了。

他用一個二點二二公分厚、外徑為十五點二四公分的軟鐵圓環，圓環上繞兩個彼此絕緣的線圈 A 和 B 保證了電不可能從 A 到 B，也不可能從 B 到 A，B 的兩端用一條銅導線連線。形成一個載流迴路。A 和一組由十個電池組成的電池組及開關 K 相連，形成載流迴路。法拉第的思想方法是：K 閉合，A 迴路有電，奧斯特已發現電可以產生磁，磁可以沿鐵環傳遞給 B，如果磁可以生電，那麼由鐵環傳來的磁會在 B 載流迴路裡產生電流，用電流計或小磁針可以檢驗到 B 中的電流。他在載流迴路下放了一個磁針，先閉合開關 K，再觀察磁針，磁針一動也不動！法拉第有些沉不住氣了，兩眼怔怔地望著磁針，喃喃地自語：「你怎麼不動呢？」他頭也不轉地去斷開開關 K，卻出乎意料地看到磁針擺動了，「是風吹的嗎？」他又合上 K、斷開 K，都發現磁針有擺動，法拉第非常高興，他確信是開關的閉合和斷開使磁針轉動，他馬上想到這就是他尋找了近十年的磁生電現象！

為了進一步證明磁生電的現象，法拉第於西元一八三一年十月十七日又進行了較大規模的實驗。他把約六十七公尺長的銅線繞在一個空的長筒上，銅絲的兩端連線一個電流計，然後手拿一根長二點一三公分、直徑一點九公分的長圓形磁石，迅速插進和拔出圓筒，法拉第發現電流計的指標都動了，而且指標偏轉的方向相反。這就是說磁可以產生電，而且是透過磁體的機械運動產生電流，形成了我們現在發電機第一個原始的模型。

西元一八三一年，法拉第開始撰寫他的三卷本鉅著《電學實驗研究》(*Experimental Researches in Electricity*)，並分別於西元一八三七年、一八四四年、一八五五年相繼出版。在這部鉅著裡彙集了他的精巧實驗，形象地描述了對物理學的深刻見解。這部鉅著確立了經典電磁學的理論基礎，法拉第也因此而被譽為「經典電磁學的奠基人」。

法拉第是十九世紀電磁學領域中最偉大的實驗物理學家，經典電磁學的奠基人。同時，法拉第是自學成才的典範，他的刻苦勤奮及不懈追求真理的精神永遠激勵著後人。

四元數理論的提出與證明

十九世紀，愛爾蘭著名數學家哈密頓（Hamilton）提出了一個世界著名的問題：周遊世界問題。

西元一八五九年，哈密頓拿到一個正十二面體的模型。我們知道，正十二面體有十二個面、二十個頂點、三十條邊，每個面都是相同的正五邊形。

他發明了一個數學遊戲：假如把這二十個頂點當作二十個大城市，比如巴黎、紐約、倫敦、北京……把這三十條邊當作連線這些大城市的道路。

如果有一個人，他從某個大城市出發，每個大城市都走過，而且只走一次，最後返回原來出發的城市。問這種走法是否可以實現？

這就是著名的「周遊世界問題」。

我們如果知道七座橋的傳說，就會意識到這是一道拓撲學研究範圍內的問題。

解決這個問題，方法很重要。它需要一種很特殊的幾何思路。這種題是不能拿正十二面體的點線去試的。

設想，這個正十二面體如果是橡皮膜做成的，那麼我們就可以把這個正十二面體壓成一個平面圖。假設哈密頓所提的方法可以實現的話，那麼這二十個頂點一定是一個封閉的二十角形世界。

依照這種思路，我們就進入了最初步的拓撲學領域。最後的答案是，哈密頓的想法可以實現。

哈密頓是一位首先提出「四元數」的人。這個成果至今還鐫刻在他天才火花閃現的地方。

複數可以用來表示平面的向量，在物理上有極其廣泛的應用。人們很自然地聯想到：能否仿照複數集找到「三維複數」來進行空間量的表示呢？

西元一八二八年開始，哈密頓開始悉心研究四元數。四元數屬於線性代數的組成部分，是一種超複數。但在哈密頓以前，沒有人提出四元數，哈密頓也是要解決空間量表示而研究的。

研究了十多年，哈密頓沒有絲毫進展，他是一個數學神童，少有難題，這次可真遇上麻煩了。到西元一八四三年，哈密頓研究了整整十五年。

有一天下午，夕陽無限，秋色爽麗，風景宜人。哈密頓的妻子見丈夫埋頭研究問題，幾乎不知寒暑不問春秋，於是很想讓他外出放鬆一下，調節一下身體。

她說：「親愛的，外面的自然即使不比你的數學更有趣，但也不會遜色的，快出去看看吧，多麼美麗的秋天呀！」

哈密頓在妻子的勸說下，放下手頭的問題，走出書房。

夫妻二人散步，不知不覺來到護城河畔。秋風柔和而涼爽，河面波光粼粼。清新的空氣帶著成熟的果香和大自然土壤的芬芳使人精神振奮，思維清晰。

他們陶醉在大自然中，這時暮色蒼茫，晚景宜人。二人來到玻洛漢姆橋，對著清新的水氣，望著萬家燈火，哈密頓的頭腦在若有若無之中思考，似乎遠又似乎近，似乎清楚又似乎模糊的東西久久在腦海縈繞。招之不來，揮之不去。

突然之間，這些印象似的感覺都變成了亮點，以往的迷霧全部消失瀰散，思維的閃電劃過頭腦的天空。哈密頓眼前豁地亮了，那些澄明的要點一一顯露。

哈密頓迅速地拿出隨身攜帶的筆記本，把這令人欣喜若狂的結果記錄下來。十五年來，整整十五年，終於在這裡找到了解法！

藉著這個時機，哈密頓大踏步地飛奔回家，一頭扎進書房，廢寢忘食。一連幾天，幾乎不動地方，全神貫注地書寫並且不時地演算。在幾寸厚的稿紙中，哈密頓整理出一篇劃時代意義的論文。

西元一八四三年十一月，數學界被轟動了，哈密頓和愛爾蘭科學院向世人宣布了「四元數」。

哈密頓證明了，要想在實數基礎上建立三維複數，使它具有實數和複數的各種運算性質，這是不可能的。

西元一八五三年，哈密頓寫成《四元數講義》(*Lectures on quaternion*)，於一八五七年發表。在他逝世後第二年，即西元一八六六年發表了《四元數原理》(*Elements of Quaternions*)。

哈密頓敏銳地感覺到四元數的物理學意義。只可惜，他沒能目睹四元數的變革作用便離開了人間。

偉大的馬克士威正是在哈密頓四元數理論基礎上利用向量分析的工具走出迷茫，得出舉世聞名的電磁理論的。

四元數的研究，推動了向量代數的發展。在十九世紀，數學家證明了超複數系統，人類思維達到了空前廣闊的領域。

直到現在，愛爾蘭都柏林玻洛漢姆橋，哈密頓駐足之處，仍立著一塊石碑，碑銘記載：「西元一八四三年十月十六日，威廉．哈密頓經過此橋時，天才地閃現了四元數的乘法，它與實數、複數顯著不同。」

誰又知道，駐足緬懷的人中有幾人能知科學探索的「靈感閃現」背後是數載的艱辛呢？

電動力學理論的創立

西元一八二一年初，安培（Ampère）提出著名的假說：物體內部的分子中均帶有迴旋電流，這形成了宏觀磁性。這一假說在七十年後被證明，由此可知，安培在電流磁性等方面的卓越思想。

我們平常總說的「電流」這一概念是安培提出的。在奧斯特與安培之前，電學主要停留在靜力範圍內。安培首先提出「電動力學」，用以指明此學科是研究電荷的運動問題。庫侖定律是電靜力學中的基本規律，安培定律是電的動力學中的基礎法則。

電動力學是從安培手中誕生的。

在他之前的奧斯特只是發現了一個現象，安培卻能在此基礎上迅速發展，在四個月的時間內由實踐到理論，誕生新的學科，可見他是一名理論與實踐能力均十分優秀的物理學家。他敏銳地推廣研究了電流與電流的相互作用，匯出系列規律。

安培提出，不但磁針受電流周圍的力的作用，電流自己也互相發生作用。電流元之間的作用力與距離平方成反比，這奠定了電動力學的基礎，由電流所生的力歸結到平方反比定律，因此與萬有引力及磁極間、電荷間的力一致了。這邁出了「場物理學」的一步。

安培於西元一七七五年出生在富裕的商人之家。在法國大革命時期，安培的父親被處決，所以安培養成了孤獨鬱寡的性格。

他是一位愛陷入沉思的教授。有一次，皇帝邀請他參加宴會，他竟然忘記了。

在奧斯特的發現提出後，安培提出了磁針轉動方向與電流方向相關判定的右手定則。繼而，安培討論了平行截流導線間的相互作用。西元一八二〇年下半年，著名的安培定律提出。

安培在實驗中發現，直流電對小磁針有作用，但是圓形導線和矩形導線形成的電流回路對小磁針也有磁力作用。安培利用地球的磁性和電流結合的原理，用圓電流來解釋地球磁性的產生，這很有創見。

有一次，物理學家阿拉戈（Arago）去安培家拜訪，看到安培的桌子上放著伏特電堆做成的電源，還有許多儀器。

安培向他解釋說，在磁針上空有一條導線，通電之後，導線產生的磁力會使磁針偏轉。這就是奧斯特實驗。

安培又說：「現在，我這裡有一個線圈，我將這個線圈通電，可以看到一個現象。」

線圈通電後，安培用磁鐵和線圈相作用。阿拉戈看到後有所醒悟地說：「看來，線圈也可以成為磁鐵」。

「不錯」，安培說，「正是電流通過線圈，線圈的兩端產生了磁力線，改變電流方向也就改變了電磁鐵的兩極。」

實驗繼續下去，通電的線圈把金屬中的鐵質物品都吸引住了，桌面上的鐵屑，鐵釘之類物品紛紛向「磁鐵」靠攏，被通電線圈牢牢吸住。

安培突然間把電源關閉，電流不存在了，只見通電線圈上吸附著的鐵釘之類的物品紛紛落下。

安培就這樣發明了電磁鐵。

電磁鐵靈活易用，對人類生活產生巨大影響。這是電磁理論的一個簡單應用，可見電磁學應用的重要性和社會價值。

電磁現象的發現

十九世紀以前，人們普遍認同吉爾伯特（Gilbert）的觀點，認為電和磁是不相關的。直到伏打電池的發明以及磁效應的發現，電與磁的研究才如雨後春筍般成長起來，很多物理學家改變了自己原來的研究而投向電磁研究，從而取得了一個又一個研究成果，推動了解世界的本質。

西元一八一九年冬，奧斯特在哥本哈根大學創辦一個自然科學的講座。

講座已經連續講了很長時間，這使得奧斯特能夠很長時間地研究講座問題——電磁問題。他在備課和講課的過程中發現了很多新問題。

一次，奧斯特為大家講電流與發熱。早期的物理學家發現，電流通過任何導線時，就會發熱，多少會依照導線的性質而改變。這種熱效應在現在的電熱、電暖方面有很大的實用價值。

熱效應就是奧斯特講座的內容。奧斯特為大家講述：「電流通過導線時會產生光和熱，產生的熱向四周輻射。」然後，他讓助手通電。他特意在電流附近安置了磁針。

這是為什麼呢？

原來，在這堂課之前，奧斯特有過一個想法，他讓電流通過極細的鉑絲，在導線下放置了小磁針，然而出現了一個意外，使他沒能成功地得出結論。

利用這次講座的機會，他順便安置了一個磁針。在助手接通電源的那一瞬間，奧斯特掃了一眼磁針，只見小磁針忽然動了一下！

這個現象太驚人了。

下課之後，奧斯特異常欣喜，他重複實驗，並且設計不同的方案仔細研究，用了三個多月的時間，做了六十多次實驗，終於發現了電流的磁效應，即從電生磁。革命性的發現從奧斯特的實驗中誕生了。

奧斯特出生於丹麥的魯德克賓市。西元一八〇六年，剛二十九歲的他被聘為丹麥哥本哈根大學的教授。一直到去世，他都是學院技術理論的領導人之一。

奧斯特之所以能打破舊的思維，發現革命性的現象，與他的哲學思想密切相關。

十八世紀時，偉大的康德是自然哲學思潮的代表人。自然哲學重視自然界中物體之間的相互連結，尤其是自然力及其相互轉化的思想影響了很多科學家。這種哲學批評牛頓的機械論成分。到了謝林，他更明確地提出自然力是統一力的思想觀點。

奧斯特一直對康德哲學情有獨鍾。他周遊歐洲，更是一位熱心的自然哲學學派的擁護者和信奉者。他堅信客觀世界的各種力具有統一性。

西元一八一二年開始，奧斯特受到了富蘭克林研究的影響。富蘭克林發現，萊頓瓶放電會使鋼針磁化。於是奧斯特認為，電不是轉化不成磁，而是應該尋找怎樣才能轉化成磁的辦法。

西元一八一二年，奧斯特出版了《關於化學力與電力的統一研究》(*View of the Chemical Laws of Nature Gained Through Recent Discoveries*)，他提出導線可能產生磁效應。

西元一八二〇年七月二十一日，〈關於磁針上電流碰撞的實驗〉(*Experiments on the Effect of a Current of Electricity on the Magnetic Needle*) 一文發表，論文指明，電流所產生的磁力既不與電流的方向相同也不是相反，而是與電流方向垂直。此外，電流可以穿透周圍的非磁物質而影響磁針。

這一偉大發現轟動了歐洲。

科學界裡，安培敏感地抓住了這個問題。他繼續實驗，加以發展並用複雜的現象研究，提出了著名的安培定律。

從西元一八二〇年七月二十一日，奧斯特發現電流的磁效應到十二月四日安培提出定律，一共只有四個月多一點，時間很短，但卻很重要。其意義在於：電磁學經歷了從現象的總結到理論歸納的質的飛躍，開創了電動力學理論。

有機物的發現

有機物比無機化合物的種類要複雜許多，數量上要多許多倍。在當今社會所有的化合物中，有人做過一次統計，發現有機化合物約占總數的五分之四還要多。而且很多有機化合物的存在常常跟生物體分不開，尤其是動物和植物。現在，僅植物動物體內的蛋白質數量就有萬種之多。

早在十九世紀以前，瑞典的化學家舍勒（西元一七四二至一七八六年）就發明了提取有機酸的辦法。人們從而可以獲得更多更純的化合物。

大化學家拉瓦節也將他的學說和有機分析結合起來，得出有機物均含碳與氫的結論。拉瓦節還認為，有機化合物與無機化合物本質上是沒有區別的，大多是氧與一個基團相化合的成果。

但是，人們總誤認為動植物組織就是有機物。

瑞典著名化學家貝吉里斯（Berzelius）在拉瓦節理論的基礎上提出，有機物實際是一種複合基與氧化物形成的，複合基本身是一種原子團，不含氧。

複合基相對穩定。這是貝吉里斯的結論。

十八世紀末盛行活力論。關於有機物的研究總帶有神祕色彩。貝吉里斯很想衝破有機物與無機物的界限，但他花費了十多年的時間，沒能成功。他從氫、氧、碳、水等無機物來合成有機物，沒有實現。於是，貝吉里斯認為「生命活力是神祕的，高不可攀的」。

他還系統性地論述了這一問題。他把化學物質分為兩類，以是否來源於有生命的組織而分為無機物和有機物。在有機物中，蘊含著生命的活力，所以，無機化學的規律並不是完全適用於有機化學的。

有機物就像陽光、空氣一樣是人們生命的必需品，成為「生命來源之物」。

比如說尿素，這種有機化合物就只能在人或哺乳動物的體內才能製造出來。人們認為，只有細胞受了某種奇妙的「生命力」的作用才能產生尿素。

就這樣，「活力論」在無機物和有機物之間劃開了界限。

西元一八二四年，一個年輕人不知疲倦地工作著。他做了一個氨與氰酸相混合的實驗。當氨與氰酸氣體在容器中被水混合，振動搖晃了一段時間之後，這個青年把溶液蒸發。

隨著溫度的升高，液體不斷被蒸乾，出現了一種結晶體。這就是他想要研究的「氰酸銨」。

他把這種晶體溶入水中，用來檢測它的性質，但是出乎意料的情況發生了，這種物質不是他所想像的所謂「氰酸銨」，而是一種新物質。

他繼續研究，終於發現了這種物質早就存在了，他曾多次測量過，不會出錯。但是這種物質在實驗室裡從來沒有被合成出來，它就是尿素，即有機化合物尿素。

這種結果使他十分驚訝。按照流行的觀點，尿素是含有某種生命力的物質，在實驗室裡人工合成是完全不可能的。

但是這個年輕人經過多次實驗證明，他的實驗是正確的。這就是德國化學家維勒 (Wöhler)。

他在西元一八二三年就在動物尿和人尿中分離出來尿素，研究了它的性質，所以對尿素的成分比例相當熟悉。因為這項工作，他獲得了海德堡大學的博士學位。

維勒做過貝吉里斯的助手，可以算作是他的學生。維勒將成果告訴了老師。

西元一八二八年，維勒發表了〈論尿素的人工合成〉一文，公布了這個足以震驚世界化學界的發現。

這項成果大大激勵了科學家們，他們開始大量地做實驗。

一個個有機物被合成出來了。

西元一八四五年，德國化學家柯爾柏 (Kolbe) 用無機物做原料合成了有機物醋酸。後來，其他一些重要的有機物脂肪、糖類等也相繼被合成出來。

結果，很多堅持活力論的科學家都放棄了活力論。貝吉里斯本來也堅持活力論，後來等維勒發現尿素時，他就改口說「那麼尿素」一定不是「有機物」，沒想到如此之多的有機物接連不斷地被從實驗室裡製作出來，所以也放棄了自己的觀點。

科學家們合成了葡萄糖、檸檬酸、蘋果酸等等，無機物與有機物之間的界線被抹平了。

十九世紀末，人類能合成絕大部分的簡單有機化合物。進入二十世紀，人類又成功地合成了蛋白質、核酸等等高分子，建立了遺傳工程，這都是有機化學的開創與研究造成的。

真正的「有機化學之父」是維勒的好朋友，德國化學家李比希 (Liebig)。

李比希曾經在法國留學。

他在西元一八二三年與維勒各自獨立分離了一種氰酸，化學家給呂薩克 (Gay-Lussac) 認為這兩種物質的分子式一樣。果真如此，他們開創了同分異構物的研究，而導致了結構化學的產生。

在德國，李比希與維勒一起研究化學。他們主要研究有機化肥，因為他們的出色工作，使德國成為有機化學領域內化肥研究的世界中心。

李比希不僅自己做研究，而且桃李滿天下。

他和維勒一起，號召了一批青年學者，形成有活力的研究團體。

西元一八二四年起，李比希任教吉森大學。結果吉森大學成為德國的化學中心。李比希專門為學生開闢實驗室，深受歡迎。他世界聞名，使本來不出名的吉森大學與吉森市享譽歐洲。

維勒與李比希共同發展提出了基團學說。他們認為有機化合物都以穩定的基團為基礎，基團在一系列化合物中是不變化的部分，甚至可以相互取代，也可以被簡單物取代。

李比希還影響了德國化學家凱庫勒 (Kekulé)。凱庫勒本來學習建築，在李比希的影響下改學化學，取得了巨大成就，提出「親和力值」理論。後來又強調了碳四價的學說，奠定了有機化學結構理論的基礎。

李比希還是第一個實驗用化學肥料來施肥養地的人，雖然沒有成功，但是開闢了一條新的道路。

李比希的最大貢獻是有機化學中的定量分析。由各種元素含量推知元素結構，從而得出化學式。

這一對朋友在科學發展史上功不可沒。

能量守恆原理的確立

多年以前，在十九世紀中葉到來之前，人們曾經有過奇妙的想法：能不能建造永動機。

很多人設計過一系列的實驗，著名的科學家兼藝術天才達文西就設想過很多方案。無數人的努力均宣告失敗。

直到能量守恆定律的提出並完全確認，人們才從幻想中走出。

「能量」是英國物理學家和醫生湯瑪士．楊格於一八〇七年最先提出的。

最初發現物體運動的總量守恆的特點是法國大哲學家、數學家和物理學家笛卡兒。

他在一六四四年的《哲學原理》中提出了運動不滅的思想。

「運動實際上不過是運動物體的一種狀態，但它具有一定的量，不難設想，這個量在整個宇宙中會是守恆的，儘管在任何一個部分中是在變化的」。他還指出，這個守恆的運動的量就是物體的質量與速度之積（這後來成為「動量」的內涵）。

西元一六八六年，德國數學家、微積分的創始人之一萊布尼茲發現，物體的質量與速度的積的平方也為恆量。萊布尼茲稱其為「活力」，並認為只有「活力」才能真正代表運動的量。

關於運動的量度，笛卡兒的後繼人與萊布尼茲的後繼學派展開五十多年的爭論。

他們兩人在十七世紀做出的發現局限在機械能方面，沒有將宇宙間的運動概括進去，沒能真正提出宇宙能量的守恆原理。

十八世紀末，熱質說（Caloric theory）占了統治地位。美國物理學家湯姆遜（西元一七五三至一八一四年）推翻了熱質說，推動了能量守恆原理的發展。西元一七九八年，湯姆遜在慕尼黑做摩擦生熱的實驗。

他用一支十分粗鈍的鑽頭來摩擦炮身，連續達兩三個小時，結果這次摩擦生出的熱使冷水達到沸點。

這說明運動生熱，熱不是一種實體，不是一種物質，而是物質的存在方式轉化，動能轉化為熱能。熱質說基本站不住腳了。

卡諾（Carnot）是第一個發現能量守恆原理思想的人。一般認為，真正最早提出廣義能量守恆原理的是德國青年醫生邁爾（Mayer）。

西元一八四〇年，邁爾二十六歲。他以「船醫」的身分跟隨荷蘭駛往東印度的船到達過爪哇。

在為船員們醫治時，他發現，人們血管中的靜脈血在赤道等熱帶地區要比在歐洲時紅亮。

邁爾是一名具有物理化學基礎的人，他提出，血液轉紅亮是富含氧較多的結果。他同時研究動物熱的問題。

在這個過程中，由食物到運動，邁爾產生了想法：人的有機體只需要吸收食物中較少的熱量，在高熱帶環境中就可以了。人的體熱和肌肉的機械作功之能量，均來源於食物，即化學能。

他進一步了解到，體力體熱既然都來源於化學能，如果動物體能量的輸入。輸出保持平衡的話，那麼所有這些形式的能量就必定守恆。

十九世紀上半葉以前，科學史專家認為：「人們有一種預感：存在著一種『力』，它按著各種情況以機械運動、化學親和性、電、光、熱、磁等等不同形式出現，它們之間的任何一種形式都可以轉化為另外的一種形式。」

從伏打電池化學能轉化為物理能，從英國尼科爾遜（Nicholson）用電池電解水又將物理電能轉為化學能，以及奧斯特、安培等揭示的電能向機械能轉化，法拉第又揭示了機械能的反向轉化為電能，這一系列的學說、實驗，使得研究相互轉化的條件成熟。

從十九世紀四十年代開始，在世界範圍內掀起了十九世紀大定律的發現熱潮。十幾個不同身分不同國籍的學者幾乎同時提出了廣義的能量原理，他們的工作方式，提出角度更證明了這一原理的科學普遍性。

在這當中，邁爾無疑是第一位的。

西元一八四二年，邁爾寫了〈論無機自然界的力〉(*The Forces of Inorganic Nature*)，指出力（能量）像物質一樣也是一種「原因」，而一切因的首要性質是「不滅性」。他說「力是不可毀滅的而可轉化的無重客體」。

這就從因和果的不滅性上論證了「力（能量）」的不滅性。

這篇文章濃重的德國傳統色彩太過思辨了，也真是令人稱奇。幾經周折，論文在《化學和藥物學雜誌》發表。但是人們不理解，也沒有引起注意。

之後，邁爾又繼續投稿，闡述能量的守恆和轉化。但是由於這種純哲學的色彩和基礎，物理學界始終不承認。甚至在邁爾計算出熱功當量值的時候，物理學界仍然給予了蔑視。

最後，邁爾的推論日趨嚴格準確，範圍越來越廣，直至化學、天文、生命科學，涵蓋當今宇宙的一切現象本質。

在能量守恆定律的實驗證明上最早做出重要貢獻的是焦耳(Joule)。然而這也是科學史所了解到的，在焦耳生前，沒有受到劃時代工作應有的了解。

焦耳幾乎與邁爾同時提出能量守恆概念。

在西元一八一八年，焦耳生於英國的蘭格良爾。他的父親是一位富有的啤酒商。

在幼年時，焦耳的身體便不好，因此他一直在家學習，沒有取得高等學位。因為家境很好，所以在小時候，父親就為他置辦了他喜愛的實驗器具。

焦耳對實驗十分熱愛，特別是喜歡極其精確的測量工作。

西元一八三三年後，焦耳接替父親管理啤酒廠，成為一名企業家。他在繁忙的工作之餘，把全部精力放在了實驗研究上。

這位業餘物理學家一直研究關於功與熱量的度量。

西元一八四〇年，焦耳發現電流具有熱效應，電和熱相互轉化的焦耳定律提出：導體在單位時間內放出的熱量與電路的電阻成正比，與電流強度的平方成正比。

西元一八四三年，焦耳測定了一千卡的熱當量為四百六十公斤每立方公尺。

西元一八四七年四月，他在曼徹斯特做了一個演講，第一次充分地闡述了現代能量守恆原理的思想。

在這期間，焦耳設計了很多實驗來測熱功當量，他設計過氣體膨脹的實驗，還設計過絕熱容器中葉輪攪水的實驗。

焦耳沒有學位，只是一位業餘的物理研究者，他的論文沒有分量，皇家學會不發表他的論文。

西元一八四七年六月，焦耳終於得以在牛津召開的科學促進會上發言。但是大會主席只要求焦耳做一個簡明扼要的發言，不要論證和解釋，也沒有發揮和引申的權力。

焦耳的發言十分短暫，幾乎沒有引起人們的注意。然而，一位青年人卻站了起來。這位青年的總結評價扭轉了局面。他就是二十三歲的威廉·湯姆遜（William Thomson）。

湯姆遜以滔滔雄辯的口才和嚴密的推理肯定了這項新的理論。結果論文引起了轟動效應，焦耳步入了科學界。

湯姆遜與焦耳互相切磋，焦耳第一次聽到了卡諾的有關思想，而湯姆遜則更受到了嶄新觀念的啟發。

就這樣，焦耳以四十年左右的時間，進行了四百多次實驗，測定了一卡的熱功當量，為真正的能量守恆原理建立了確鑿的實驗證據和基礎。

到了西元一八五〇年左右，能量守恆定律得到了廣泛普遍的承認。

為這一定律最終確定而做出劃時代成果的是亥姆霍茲（Helmholtz）。

亥姆霍茲明確提出並系統性證明了全面的能量守恆原理。

亥姆霍茲也是一位醫生，並且是生理學家。能量守恆定律由先驅者邁爾醫生到集大成者亥姆霍茲醫生，形成一個奇妙的巧合。

正因為對能量守恆研究的興趣，亥姆霍茲才成為大物理學家和數學家。他也是在生理學研究中，透過動物熱的途徑發現了能量守恆原理。

西元一八四七年，二十六歲的亥姆霍茲在柏林物理學會上宣讀了論文〈論力的守恆〉，全面系統性地論證了這一原理。

亥姆霍茲認為，「自然力不管怎樣組合，也不可能得到無限量」；「一種自然力如果由另一種自然力產生時，其力的當量不變」。

德語中，力的意義本來就在「能量」的意義上使用著。亥姆霍茲用數學化的形式表述了在孤立系統中機械能的守恆。他把能量的概念進一步推廣到各個科學領域，將永動機與能量守恆相比較對照。

德國最權威的《物理學和化學年鑑》主編波根多夫是拒絕了邁爾的人，他同樣也拒絕了亥姆霍茲。亥姆霍茲只好自己將論文印刷成小冊子，很長時間得不到重視。

後來杜林等人攻擊亥姆霍茲，說他剽竊了邁爾的理論。但三人較為獨立地提出能量守恆的概念是事實。焦耳和亥姆霍茲都尊重邁爾的成果，認為是邁爾最先提出這一理論的。

準確地說，是邁爾最先以公開的形式發表了論文，是焦耳從實驗上領了先，而後是亥姆霍茲真正精確系統性地確立了這一原理。

恩格斯在《自然辯證法》中稱讚這一原理奠定了唯物主義自然辯證觀。

我們發現，幾乎同時，許多人提出了這一理論。能量守恆原理是牛頓物理經典力學建立以來的最大成就，是西元一八三〇年代、四〇年代不同側面提出的原理。

它揭示了熱、機械、電、化學等物質運動的形式之內在連結，達到了第二次物理理論大綜合。

德國生物化學家莫爾（西元一八〇六至一八七八年）；

法國鐵道工程師塞甘（西元一七八六至一八七五年）；

德國物理學家霍耳茲莫（西元一八一一至一八六五年）；

丹麥工程師柯耳丁（西元一八一五至一八八八年）；

法國物理學家伊倫（西元一八一五至一八九〇年）；

英國律師格羅夫（西元一八一一至一八九六年）……

這一系列的名字鑄就了同時發生的輝煌的發現。但我們更應該緬懷卡諾、邁爾、焦耳、亥姆霍茲的努力。是他們在困難下堅持研究，後人在他們的基礎上奮然前行。

科學史家準確的評價代表了我們的看法：「從笛卡兒和

萊布尼茲的理論到能量守恆原理，中間好像只隔了一層幾乎是透明的薄膜，但由於歷史條件不成熟，兩百年間就沒有人能夠突破它，把力學領域內的機械能的守恆擴展成為一般的能量守恆原理。一旦歷史條件成熟了，就像洪水決口一樣，從四面八方奔騰而出。這生動地告訴我們，科學上的歷史突破，個人的努力和才能固然是重要因素，客觀歷史條件（包括社會、生產和科學狀況）則更為根本。這也就體現了歷史的必然。」

苯假說的誕生

西元一八二九年九月七日，弗雷德里希・奧古斯特・凱庫勒（Friedrich August Kekulé）出生於黑森公國首都達姆施塔特。他的父親是黑森公國軍事參議員。凱庫勒自幼顯示出出眾的才華。在國民學校讀書時，尤其擅長數學與製圖學。西元一八四七年畢業後，聽從父親的勸告，為學習建築專業而考入吉森大學。

西元一八四九年秋天，凱庫勒回到吉森大學讀書。在李比希的實驗室進行學習和研究工作。當時指導他的是李比希的老學生維爾。凱庫勒第一次進行的專題研究專案是關於硫酸戊酯及其鹽類的研究，並於西元一八五〇年發表了研究論文。

西元一八五一年到一八五六年是凱庫勒的遊學時代，他先後到過巴黎、瑞士的來希瑙城、倫敦，與各國第一流的學者密切交往，使他獲得了極有益的影響。西元一八五四年，凱庫勒發表了最初的論文〈關於含有硫磺的有機酸新系列備忘錄〉。在這篇研究論文中已經顯露出一種根據原子決定分子結構的理論的萌芽。

西元一八五六年，凱庫勒結束遊學生活回到德意志，就任海德堡大學的講師，在這裡開始了他的講授和研究工作。

他首先選擇的研究專題是雷酸汞的分子結構。西元一八五七年，凱庫勒在〈關於雷酸汞的結構〉論文中暗示了碳元素的四價性質之後，同年又發表了經典性論文〈關於化合物的結構與變態及碳原子的化學性質〉。這篇論文為現代分子結構理論打下了基礎，一經發表就立即受到學術界的重視。西元一八五八年，凱庫勒就任比利時的格恩大學教授，時年二十九歲。

在格恩的九年，是凱庫勒精力充沛，研究工作達到最高峰時期。在西元一八五九年出版的《有機化學教程》（*Lehrbuch der Organischen Chemie*）第一卷中，他根據自己的見解展開的有機化學體系，將龐雜的實驗事實條理化。這一著作對當時的化學界影響很大。以後又陸續出版了第二卷和第三卷。

凱庫勒一生最為出色的成就是苯假說的誕生。苯式理論的起源同樣充滿了戲劇性。凱庫勒在格恩時，有一天晚上執筆寫著《化學教程》。但由於思維總是不時地轉向別的問題，寫得不順利，於是，他把椅子轉向壁爐打起盹來。這時候，凱庫勒的眼前又出現這樣的情景：一群原子旋轉起來，其中小原子群跟在後面。曾經體驗過這種幻影的凱庫勒對此敏感起來。他立刻從中分辨出種種不同形狀、不同大小的形象以及多次濃密集結的長列。而這些像一群蛇一樣，互相纏繞，邊旋轉邊運動。除此以外，他還看見，彷彿其中一條蛇銜著自己的尾巴，開始旋轉起來，凱庫勒像被電擊一樣猛醒過來。多麼奇怪的夢啊！雖然只是一瞬間，但他還是記住了在夢中看見的分子中各個原子的排列順序。凱庫勒匆匆地在一張紙上寫下碳鏈的新結構式。這是苯的第一個環狀式。這種關於苯環的想法，給予實驗和理論研究以新的推動。西元一八六五年，凱庫勒發表了《論芳香族化合物的結構》，引起科學界的轟動，凱庫勒也因此而名揚世界。

西元一八六七年，凱庫勒被任命為波恩大學化學研究所所長。身為一個傑出的科學家，凱庫勒的榮譽得到了普遍的承認。世界上許多國家的科學院都選舉他為名譽院士。在波恩大學唸書時聽過凱庫勒講課的德國皇帝，為他恢復了祖先的貴族稱號。西元一八九〇年三月，德國化學會為紀念凱庫勒的苯結構式首創二十五週年，隆重地舉行了紀念活動，當時的盛況在化學史上是空前的。

光電磁理論的創立

西元一八三一年六月十三日，馬克士威出生在蘇格蘭愛丁堡一個很有名望的家庭。其父對於實用的、技術性的學問很感興趣，後來成為愛丁堡皇家學會成員。八歲時，母親去世，在父親的引導下學習科學。受其父親的影響，馬克士威從小就進入科學界，因而受到很多有益的影響。西元一八四七年，十六歲的他進入愛丁堡大學學習數學和物理學，西元一八五〇年，他轉入劍橋大學，在那裡，在著名數學家 W．霍普金斯（William Hopkins）的指導下，他取得了不菲的成績。

西元一八五五年至一八五六年間，馬克士威發表了第一篇電磁學方面的論文——〈論法拉第的力線〉（*On Faraday's Lines of Force*）。這篇論文不僅以抽象的數學形式表示了法拉第直觀的力線影像並推進了法拉第的實驗研究，而且包含了一系列重要思想，為以後的研究開拓了一條新路。

西元一八六一年，在深入分析磁場變化產生感應電動勢的現象之後，馬克士威敏銳地感覺到，即使不存在導體迴路，變化的磁場透過媒質也會在其周圍激發出一種「場」，他把它當作感應或渦旋電場。這是馬克士威為統一電磁理論所做的第一個重大假設。西元一八六二年，馬克士威發表了重要論文〈論物理的力線〉(*On Physical Lines of Force*)，其中引進了「位移電流」的概念。這是馬克士威理論思維的一個創造，也是建立理論的一個關鍵步驟。這使他可以把導體中的電流產生圍繞電流的磁力線和導體切割線時在導體中產生感生電流這兩個基本原理加以擴展，形成下述兩個原理：空間裡變化的電場產生磁場；空間裡變化的磁場產生電場。由此得到這樣一幅嶄新的物理圖景：交變的電場產生交變的磁場，交變的磁場產生交變的電場。這兩種相互連結、相互激發的過程，使電場和磁場形成統一的「電磁場」。關於電磁場的完全的理論體系就這樣逐漸形成。

西元一八六四年至一八六五年，馬克士威發表了著名論文〈電磁場的動力理論〉(*A Dynamical Theory of the Electromagnetic Field*)。在這篇論文裡，他得出了真空中的電磁場方程即馬克士威方程。這個方程在電磁學中的地位，相當於牛頓力學定律在經典力學中的地位。其形式之簡潔、優美，一直為科學界所稱道。

西元一八六八年，馬克士威發表了又一篇重要論文〈關於光的電磁理論〉，明確地把光概括到電磁理論中。這就是著名的光的電磁波學說。到此為止，馬克士威就把電學、磁學、光學這三個原來相互獨立的重要物理學研究領域結合起來，完成了十九世紀中葉物理學的一個重大綜合。

此外，繼法拉第之後，馬克士威用數學的力量進一步排除超距作用力，對物理學的發展具有深遠的意義。因為如果不排除超距力，就不會有電磁理論，也不會有相對論。如果用勞侖茲變換（Lorentz transformation），就可以從馬克士威推出光速不變的原理，而這正是相對論的一個基本前提，難怪愛因斯坦一再說，狹義相對論的建立要歸功於馬克士威方程。

西元一八七一年，馬克士威任劍橋物理系主任，成為劍橋大學第一個實驗物理學教授，籌建並領導該校卡文迪許物理實驗室（Cavendish Laboratory）。這個名為實驗室而實為物理研究所的學術單位，後來發展成為科學史上最重要的、最著名的學術中心之一。

馬克士威的最大貢獻是建立了光的電磁理論。早在上大學時，他就意識到，法拉第的理論正是建立新的物理理論的重要基礎。他決心以數學手段彌補法拉第的不足，以清晰準確的數學形式把法拉第的天才觀念表示出來。

西元一八七三年，馬克士威完成了經典著作《電磁通論》（*A Treatise on Electricity and Magnetism*），這部書被尊為牛頓《原理》一書以後最重要的一部物理學經典。馬克士威的電磁學，是人類知識寶庫中一份博大精深的科學遺產。除了電磁學，馬克士威對熱的分子動力論所作的貢獻也是突出的。西元一八七一年，馬克士威出版了《熱的理論》（*Theory of Heat*）一書。這本書表述了壓強、體積、熵、溫度等熱力學變數的偏導數之間的一些關係式，即「馬克士威關係式」。這些關係式在熱力學中的地位，相當於馬克士威方程組在經典動力學中的地位。

西元一八七九年，馬克士威開始把注意力轉向氣體理論方面。他利用數學統計的方法，匯出了分子運動馬克士威速度分布律。這一成果可以看作經典統計物理學的起點。除此之外，馬克士威還進一步發展了哈密頓關於向量分析和符號微分運算元運用合理性的理論，還在色度學、土星光環的研究、幾何光學、伺服機構（節速器）光測彈性學、結構力學等不同的領域做出了重要貢獻。同年十一月五日，馬克士威因癌症不治去世，終年四十九歲。物理學史上一顆可以與牛頓交輝的巨星隕落了。後人為了紀念他，把磁通量的單位命名為馬克士威。

條件反射學說的創立

西元一八四九年九月二十六日，巴夫洛夫（Pavlov）出生在俄國中部小城梁贊，他的父親是位鄉村牧師，母親替人家做飯貼補家用。

巴夫洛夫自幼學習勤奮、興趣廣泛。由於他父親喜歡看書，家中有許多像赫爾岑（Gertsen）、車爾尼雪夫斯基（Chernyshevsky）等人的進步著作，在父親的影響下，巴夫洛夫一有空就爬到閣樓上，讀父親的藏書。二十一歲時他和弟弟德米特里一起考入彼得堡大學自然科學系。

他和弟弟儘管在大學裡學習優異並年年獲獎學金，但生活還是比較清貧，需要做家庭教師才能維持日常生活。為了節省車費，他們每天都要步行走好遠的路。巴夫洛夫在大學裡以生物生理學為主修課，學習十分刻苦，為了使實驗做得得心應手，他不斷練習用雙手操作，漸漸地相當精細的手術他也能迅速準確地完成，導師很賞識他的實驗才能，常叫他當自己的助手。巴夫洛夫不懂就問，每次手術都做得既快又好，漸漸有了名氣。巴夫洛夫四年級時在導師指導下和另一同學合作，完成了關於胰腺的神經支配的第一篇科學論文，獲得了校方的金質獎章。

西元一八七五年，巴夫洛夫獲得生理學學士學位，成為自己導師的助教，同年他又考上了聖彼得堡大學醫學院。西元一八七八年，他應俄國著名臨床醫師波特金教授之邀，到他的醫院主持生理實驗室工作。實驗室聽起來好聽，其實只是一間非常陳舊狹小的屋子，它既像管理員的住房，又像一間澡堂，巴夫洛夫卻在這裡工作了十餘年。

後來巴夫洛夫開始研究血液循環和神經系統對心臟的影響。西元一八八三年寫成「心臟的傳出神經支配」的博士論文，獲得帝國醫學科學院醫學博士學位、講師職務和金質獎章。

雖然巴夫洛夫的科學研究成果十分出色，但他的生活卻沒有任何改觀，依然貧窮不堪，他沒錢幫妻兒租房避暑，他的孩子不久就因病夭折在荒僻的鄉村，夫妻倆都悲慟至極卻無可奈何。曾有一段時期，巴夫洛夫手頭連一分錢都沒有。學生們好心地請他講授心臟神經支配的課程，然後湊一筆講課費給他，卻被他拿去買了講課用的狗，自己分文未留。

從西元一八八八年開始，他研究消化生理。巴夫洛夫在狗的身上接上瘻管來觀察消化液在胃裡的成分和作用，並取得了一些功效。他將三個瘻管接在狗的食管和胃道，然後進行假飼，幾分鐘後無數細小的胃腺中便分泌出清澈的胃液。一隻狗每次可分泌一公斤左右的胃液，經過加工，可治療胃酸低的病人。

巴夫洛夫還發現分布在胃壁上的第十對腦神經迷走神經

與胃液分泌有關。用同樣的辦法分泌胃液，迷走神經切斷，胃液分泌就停止。但如果不假飼，只刺激迷走神經，也能引起胃液分泌。是什麼東西對迷走神經產生刺激呢？原來味覺器官感受到了食物刺激，便會透過神經傳給大腦，由大腦透過迷走神經對胃液釋出命令，胃液開始分泌，這就是「條件反射」學說。為此他領取了「諾貝爾獎」的生理學醫學獎。他是第一個享受這個榮譽的俄國科學家。

巴夫洛夫第一個用生理學實驗方法來研究高等動物和人的大腦活動，並創立了大腦兩半球生理學和反射學說。巴夫洛夫在科爾吐什研究所裡，提出關於高級神經活動類型的學說。巴夫洛夫認為人有兩個訊息系統，小孩吃糖時，只要見到糖就會分泌口水，當他們懂得語言後，只要聽到大人們說到糖，也會流口水，這是人類特有的機能。

巴夫洛夫還在一次醫學會上宣布：「睡眠能使大腦細胞得到休息。對因神經中樞過度緊張而神經異常的病人，用人工引導沉睡，可使患者恢復正常。」這一理論得到了臨床驗證。

十月革命初期，人們生活極端困苦。巴夫洛夫一天也沒中斷研究，在缺糧的情況下，他經常把自己的那份糧食餵給做實驗用的狗。西元一九一九年冬天，列寧委託高爾基看望巴夫洛夫，了解他的生活和需求，他說：「需要狗，乾草、燕麥，需要馬製造血清。」當高爾基提出補助一份口糧給他時，他卻拒絕了。後來，蘇維埃政府頒布了一道列寧簽署的命令，責成以高爾基為首的特別委員會，力爭在短時間內為巴夫洛夫及同事們的研究工作創造最優越的條件，出版巴夫洛夫二十年來的著作……

八十五歲那年，巴夫洛夫得了肺炎，在病中還不忘觀察和記錄自己的病情。西元一九三六年二月十七日，在他最後失去知覺前的兩小時，他喃喃地說道：「我腦子裡出現了一些執拗的思想和不由自主的運動，顯然是神經系統開始混亂，快去請神經病理專家。」

人類免疫原理的突破

西元一八二三年一月二十四日，英國醫生詹納逝世了。在倫敦和巴黎，人們為他建造了大理石雕像，刻著這樣的碑銘：「向母親、孩子、人民的恩人致敬。」

詹納是著名的巴斯德博士之前的一位醫生，堪稱人類史上第一次制服某種疫病的偉大醫生。

天花是一種可怕的流行病，但也是極為常見的病。那個時代，幾乎所有的人都遭受過天花的威脅。有的人因此而喪命，有的人僥倖活了下來，但卻面容被毀，長滿麻子，十分難看。

人們在埃及木乃伊上，就發現有天花的痕跡。天花肆虐人間長達千年之久。

著名的物理學家虎克因天花而留下一臉麻子。西元一七五一年，美國的第一任總統喬治．華盛頓患了天花，留下了一臉麻子。西元一七七四年，法國國王路易十五患上天花，結果一命嗚呼。

無論是達官貴人還是平民百姓，「天花面前人人平等」。在十八世紀，由於天花的流行，歐洲共有一點五億人死去。

詹納就是征服了這種可怕流行病的人，他因此而獲得人們廣泛的崇敬和感激。

在天花流行傳染的過程中，人們發現了一個現象：得過病的人如果癒合康復，則不會再被傳染。而輕微患病的人也不會被二次傳染。這就表明，人們可以獲得免疫能力。

詹納於西元一七四九年五月十七日出生，十三歲的時候就開始當學徒了。他跟隨一位名醫，做他的助手和徒工。

一件偶然的事引起詹納的注意：幾位牛奶女工到診所來看病。在詢問病情時，詹納得知她們竟然躲過好幾次天花的氾濫蔓延。

這是怎麼回事呢？女工們告訴詹納，她們自己發現，得了牛痘的人就沒有被天花傳染。什麼是牛痘呢？牛痘就是發生在牛身上的一種輕微的傳染病，它的各種表現和病理都和天花相似。不過對牛來說，十分輕微。

女工們告訴詹納，乳牛跟人相似，也會生痘。如果擠奶的人皮膚有皸裂或傷口，就會被傳染，但是只不過稍有不適，過了幾天就一切恢復正常了。幾年來，她們沒覺得有什麼不適，而且也沒有患上人類的天花。

詹納高興極了，他去牛奶場實地考察，發現擠奶女工的工作條件不好，她們無一例外地手上起過牛痘一樣的包瘡，但是誰也沒有患上人類的天花而死亡或傷殘。

早在十六世紀，人們就意識到接種，中國人嘗試了種人痘。由於阿拉伯人的商業交流，他們把這個方法帶到了歐洲。啟蒙運動的領袖狄德羅（Diderot）就提倡過這種方法。但是由於人們不清楚天花的機理，這個機理直到巴斯德博士才得以澄清，當時人種人痘很危險，無法掌握病情的輕重，常出現作用量大而使被種的人真的患上天花或作用量小不發揮作用的情況。

詹納敏銳地意識到了牛痘的積極作用。於是他進行大量的實驗，用動物進行各種嘗試，他初步得出結論：種牛痘較安全，可以達到有效的預防作用。

西元一七九六年，詹納做了一項人體實驗。他用患了牛痘人的痘瘡膿汁感染一名健康的小男孩，結果孩子開始輕微地發燒，身體很不舒服，但絕沒有像以前人類患天花那樣嚴重。

詹納冒著風險使曾經感染牛痘的小男孩再次感染。詹納心裡十分擔心，這涉及到一個人的終生健康和生命，沒有十足的把握他絕對不會如此，但沒有真正地一次人體實驗怎麼才能推廣使用呢？

雖然被試者是同意的，但詹納的心依然有些不安。結果發現，男孩十分健康，他幸運地成為世界上第一例種牛痘的臨床實驗主角。

西元一七九八年，詹納發表了論文〈探究牛痘預防接種的原因及效果〉（*An Inquiry into the Causes and Effects of the*

Variolae Vaccinae, a Disease Known by the Name of Cow Pox）,向世界頒布了這一無比重大的發現。

英國的王室成員率先響應，英王了解到了這件事的重要意義，經過調查發現這種方法值得推廣，所以王室成員帶頭接種牛痘，結果人們紛紛要求詹納醫生接種牛痘。

很快，這種方法在全歐洲推廣起來。

當時的教會認為，人是高貴純潔的動物，上帝不允許種牛痘，這樣就會長犄角和蹄子，變成怪物。然而事實表明教會的話全是謊言。

而那時的醫學仍以傳統的希波拉底和蓋倫派為主，很多錯誤都不加糾正，詹納很反感這種盲目迷信的做法，所以拒絕參加考試，因此倫敦的醫學會不承認他是會員。世界上第一個真正的醫生，一個真正能對付一種疾病的醫生被無知的同行拒之門外。

但人們都很感謝他，誰都得承認他是一名真正的醫生。西元一八二三年詹納去世時，人們就刻下了如本文開頭那樣的肺腑之言。

物種起源的發現

達爾文。

演化論。

這六個字有多少豐富的涵義呢？

達爾文的演化論是生物科學的一次「偉大的綜合」，它代表著生物演化論思想的完整形成。從此生物科學開始進入一個嶄新的歷史時期。

它是當時歷史條件下最科學最完滿的演化理論，是現代演化論的主要理論基礎。正是在他的理論上，又加入遺傳學理論，現代科學的演化論才得以建立。

神創論和物種不變論受到空前重擊。

查理·達爾文（Charles Darwin），西元一八〇九年二月十二日出生在英國的施洛普郡。

他的祖父是一位醫生、博物學家、詩人。祖父曾經用詩歌表達自己的演化論思想，也是演化論的先驅者之一。他還發表過《動物學》等多種著作。

達爾文的父親是一代名醫，造詣極深，知識淵博。達爾文的母親是瓷器收藏家的女兒，愛好花草樹木的種植。

達爾文生長在一個擁有濃重的博物傳統的家庭。他的祖父與外祖父都是英國科學團體的成員，與發明家瓦特、化學家卜利士力及工程師博爾頓關係密切。

達爾文從小喜歡大自然、很貪玩、學習成績並不好。甚至家長和老師認為他的智力比較低下，對他也不抱什麼希望。

達爾文進入教會學校，但對聖經的學習不感興趣。他喜歡曠野或沙灘上的各種自然物品，還喜歡釣魚、上樹摸鳥蛋，蒐集其他的物品。

更令大人生氣的是，他喜歡打獵、養狗和捉老鼠，以致父親生氣地訓斥他：「你這樣下去，會讓我們這樣的家庭丟臉的。」

十六歲以前，達爾文上的都是著名的學校，但是卻什麼都沒學到，然而腦子裡也有了這樣的觀點：大自然是上帝所造，上帝為了人類的生存特意創造了地球，而地球的物種一經上帝創出，永不改變。

西元一八二五年，十六歲的達爾文被父親送去愛丁堡大學學習醫學，繼承祖業。然而達爾文不喜歡醫學，甚至有暈血症。在這一段時期，他主要的收穫是閱讀了馬克的演化論的書，還掌握了許多生物學知識。

父親又把兒子轉入劍橋大學基督教學院學習神學，希望兒子能成為一名體面的牧師。但是，西元一八二八年，達爾文剛進神學院時成績還很好，沒多久時間，他就開始厭惡神學，又要換學科。

父親生氣了，不再管他。就這樣，達爾文在劍橋度過了三年。這三年用達爾文自己的話說是「完全浪費」了，他與一些富家的浪子賭博、打獵、酗酒、遊玩。

然而這三年他還是有收穫的，那就是認識了一位植物學教授亨斯洛（Henslow）和一位地質學家塞奇威克（Sedgwick）。他更加喜歡研究生物與地質了。

西元一八三一年達爾文離開劍橋之前，曾經跟塞奇威克到北威爾斯地區進行地質考察。這次考察中，他實際運用並掌握了科學的思維方法：由事實得出一般的結論，要歸納並抽象分析。

西元一八三一年八月，達爾文一生的重大轉機來臨了。英國海軍的「小獵犬號」準備航行去南美進行考察，主要是測繪地圖和考察水文。船上缺一名博物學者。於是，亨斯洛教授推薦達爾文去。就這樣，達爾文興沖沖地赴任了。

據說多虧了亨斯洛教授，因為船長和達爾文的父親一開始都不很同意。

西元一八三一年十二月二十七日，「小獵犬」號艦駛出英國的德翁港，穿過大西洋到達南美洲，先到達巴西，在南美洲海岸停留約兩年，再從南美洲西海岸的加拉巴哥群島橫渡太平洋駛向紐西蘭和澳洲、塔斯馬尼亞島，然後從印度洋繞過好望角，穿越大西洋再回到巴西。

這樣，環球航行歷時五年，到西元一八三六年十月回到英國。

每到一處，達爾文積極地採取各種生物和地質標本。他看到：首先，在南美彭巴的地層中發現了巨大古代動物化石，這種動物有著很多現代動物的集合特徵。其次，加拉巴哥群島的大多數生物都具有南美生物的特徵。特別是群島中每個島嶼的生物只是稍稍不同。他考察了十四種地雀，發現這些鳥類和南美的差不多，他進一步證明了這些地雀確實來自南美，它們發生了一定的變化是為了更好地適應環境。

另外，在南美大陸時，達爾文觀察到了一條清晰的線索：密切近似的物種，自北向南，順次更代。

而賴爾（Lyell）的《地質學原理》（*Principles of Geology*）更幫助了達爾文。他接受了地質漸變的觀點。從書中，達爾文深刻地理解了比較歷史方法。

物種如此多種多樣而連續漸變式的不同，使達爾文認為只能假設物種逐漸變異。

達爾文在這五年中建立了物種漸變演化的萌芽。他說：「當我作為一個自然學者在皇家軍艦上航行時，在南美洲看到某些事實，有關生物的地理分布和古代與現存生物的地質關係，我深深被這些所觸動。」這些都成為神祕的物種起源問題的曙光。

達爾文最直接的想法是：上帝創造這些如此相似、如此繁瑣、如此費精力而不經濟的花樣物種做什麼？

再回到英國時，達爾文已經儼然一位成熟文雅的紳士了。他訓練有素，知識豐富，而且很有風度。父親高興極了。

透過考察報告的整理，達爾文成為遠近聞名的地質學家。西元一八三八年，達爾文當選為地質學會的祕書。

這時，他還沒有找到嚴謹可信的演化論解釋和證明，但演化論的觀點卻越來越明晰堅定了。

西元一八三八年，達爾文組建了自己幸福和睦的家庭，他與青梅竹馬的表姐埃瑪結婚。他們家庭十分親密無間，只是由於近親結婚的原因，致使達爾文的兒女出現生理缺陷，使老人常常增添煩惱和不安。

達爾文的家境殷實而富裕，長輩給了他們很多錢，這使得達爾文能夠隨心所欲地進行研究工作。婚後，他們定居在倫敦鄉下的唐村。在那裡，達爾文進一步整理數據，研究演化論。

就在西元一八三八年，《人口論》（*An Essay on the Principle of Population*）躍入了達爾文的眼簾。《人口論》是馬爾薩斯（Malthus，西元一七六六至一八三四年）的著作，這是有關社會問題與人類問題的研究。

馬爾薩斯認為，人類為了資源和生存而展開了競爭，既可導致消極的後果又可以產生積極的作用。如果不加控制，人口將以幾何級數成長，而糧食只可能以算術級數成長，這種比例上的失調終究會導致人口過剩，那麼會發生飢餓、瘟疫來平衡控制。

這種物競天擇、適者生存的觀念猛然間打動了達爾文。達爾文說：「西元一八三八年十月，即我開始系統性研究的十五個月之後，我偶爾閱讀馬爾薩斯的《人口論》，本來是為了消遣，並且由於長期不斷地觀察動物和植物的習性，我已具備很好的條件去體會到處進行著的生存競爭，所以我立刻覺得在同等環境條件下，有利的變異將被保存下來，不利的變異將被消滅。其結果大概就是新種的形成。於是我終於得到了一個據以工作的理論。」

就這樣，在賴爾與馬爾薩斯著作的影響下，達爾文於西元一八四二年寫成了一個提綱。一八四四年，他又寫了一個較長的提綱，以自然選擇為基礎的生命演化論已經初具規模。

但是，達爾文又過了十年才重新考慮這個問題，他是一個嚴謹的人，要繼續觀察並研究人工選擇與變異。為此，他做了不少實驗。他要寫一個理由充足、邏輯清楚的鉅著。

西元一八五七年，達爾文在給阿沙．葛雷的信中比較全面地論述了這個問題。然而意外的事情發生了，因為演化論的思想已經廣為流傳，所以很多人了解到了這一問題。賴爾就催促達爾文抓緊時間。等達爾文動手的時候，他收到了一封信和一篇論文。

一位名叫華萊士（Wallace）的青年生物學家請達爾文發表意見，並請在有價值的前提下推薦發表。達爾文仔細一看，竟然是自己二十年來思考的問題。最令人驚訝的是，有很多詞和句子都彷彿是達爾文自己說的。

後來，他得知華萊士比自己小十四歲，也考察過群島物種並且讀了《人口論》。難怪如此。於是，達爾文準備放棄自己的計畫了。他認為讓華萊士發表文章即可。這種胸襟是很讓人讚嘆的。

當賴爾得知此事之後，便把華萊士的論文和達爾文的兩個提綱都發表了，然後勸說達爾文加緊寫作，就這樣，一部險些流產的劃時代鉅著誕生了。

西元一八五九年十一月二十四日，《物種起源》終於出版。全名是《論透過自然選擇的物種起源，或生存競爭中最適者生存》（*On the Origin of Species by Means of Natural Selection, or the Preservation of Favoured Races in the Struggle for Life*）。由於是提綱已先發表，人們早就拭目以待了，初版本一千多冊著作被搶購一空。

達爾文的演化理論，是以自然選擇為核心的演化理論。達爾文指出：生物具有普遍的變異現象。達爾文用家養的變異和自然的變異相對比，用極其豐富的數據證明了這一點。

物競天擇，生物具有普遍的生存競爭現象。生物按幾何級數繁殖，這樣勢必造成生存的競爭。每種生物的產生，其個數都要比生存下來的生物要多得多。種內競爭、種間競爭、生物與環境的競爭是三個主要生存競爭方面。

自然選擇是中心理論。自然對所有的變種都進行了選擇，並且讓最適應的生存下來。這些倖存的變種留下的後代最多。對於演化來說只有那些可遺傳的變異才是重要的。達爾文論證了自然選擇比人工選擇更優越。人工選擇產生的後果和「自然」在地質時期內累積的成果相比，是微不足道的。自然比人工遠遠要高明得多！

儘管達爾文闡釋了生物演化的動力和結果，但是由於遺傳學尚未建立，所以達爾文的論證是在核心論證上缺乏深度的。而且，競爭性在達爾文的理論中過於強調，而合作性顯然有些薄弱。

《物種起源》打擊了神創論和物種不變論，在歐洲引起軒然大波。

首先，來自宗教的攻擊最多。達爾文不愛辯論爭吵，只是接著研究理論。因為他只想在證據十分確鑿的前提下發表著作，以使人們信服地接受。

赫胥黎（Huxley）成為達爾文演化論的鬥士。在英國一八六〇年牛津會議上，赫胥黎給予威爾伯福斯主教為代表的神創論有力的回擊。他的演講使很多人支持演化論。而且赫胥黎還提出：「人猿同祖。」

達爾文的演化論中沒有涉及人類演化的問題。後來，赫胥黎、海克爾（Haeckel）、史賓賽（Spencer）發展到人類問題，開始解釋人在自然中的位置。由於華萊士不同意將演化推廣到人，所以達爾文獨立地研究。西元一八七一年，他發表了《人類的由來及其性選擇》（*The Descent of Man, and Selection in Relation to Sex*）。

由於遺傳學尚未建立，演化論中必有缺陷。西元一八六五年，達爾文獲得了皇家學會的科普利獎。但這不是因為《物種起源》，而是由於其他的成績。在達爾文生前，他的《物種起源》理論並沒有得到普遍認同，但演化的思想已經深入人心。

西元一八八二年四月九日，這位偉大的生物學家告別了人世。他被安葬在牛頓墓旁，這是人們對達爾文的最高讚頌。

資訊理論的提出和應用

西元一九四八年，美國工程師夏農（Shannon）在貝爾電器研究所出版的專門雜誌上，發表了兩篇有關「通訊的數學理論」的文章，系統性地討論了通訊的基本問題，由此奠定了資訊理論的基礎。

大千世界，林林總總；人類社會，紛繁複雜。這其間有沒有共同的東西貫通著？有。現代科學家認為，物質、能量、資訊是世界的三大支柱。只要有運動的事物，就需要有能量，也就會存在資訊。人類在了解世界和改造世界的一切活動中無不牽涉到資訊的交換和利用。有人說，通訊是使社會結構黏合在一起的混凝土。在當今的資訊時代，這種比喻是十分貼切的。

科學來源於實踐，科學上許多術語往往來自日常生活，資訊這個詞語就是如此。在日常生活中，我們經常聽到人們在談論「商品資訊」、「市場資訊」、「科技資訊」。而當人們在早晨從收音機裡聽到氣象預報，或看了電視裡的新聞之後，就說得到了「資訊」。資訊是一個常用詞，但要問「資訊」到底是什麼，恐怕很多人回答不上來或說不清楚。

作為一個科學概念，「資訊」有其特定的含義。比如，我們聽到氣象預報說「晴到多雲」，這是對氣象狀態這一事物的具體描述，而一位朋友在電話中對你說「我想去外地」，這是存在於他頭腦裡的思維活動。從科學的角度講，以文字、語言、影像等把客觀物質運動和主觀思維運動的狀態表達出來就成為資訊。從通訊的觀點出發，資訊要具備兩個條件：一是能為通訊雙方所理解，二是可以傳遞。

任何資訊傳遞系統，如電話、電視等都有一個發出資訊的發送端、接受資訊的接受端、連線兩者的通道及編譯碼器。資訊要透過通道傳輸，須把它變換成適合通道傳輸的物理訊號（如電訊號、光訊號、聲訊號等），編碼把資訊變換成訊號，而譯碼則將訊號還原為資訊。資訊只有透過編碼，才能發出和傳送，只有透過譯碼，才能被接受和理解。就連最簡單的資訊交流也必須經過編碼和譯碼。如兩個人面對面地交談，講者把資訊變成適於空氣傳遞的聲訊號，變成語言，就得經過大腦用字片語成句子。這個過程就是編碼。聽者的耳朵接收到聲音訊號，經過大腦的理解，明白話音、句子所包含的意思。這個過程就是譯碼。

夏農在西元一九四八年發表的文章的序言中有這樣一句話：「通訊的基本問題是要在某一端準確地或近似地再現從另一端選擇出來的資訊。」這句話恰如其分地表達了資訊理論研究的目的就是為了提高通訊系統的可靠性和有效性。夏農研究的對象是從發送到接收之間的全過程，是收、發端聯合最佳化問題，其重點放在編碼上。他指出，只要在傳輸前後對資訊進行適當的編碼和譯碼，就能保證在有干擾的情況下，最佳地傳送和準確或近似地再現資訊。為此他又發展了資訊測度理論、通道容量理論和編碼理論等等，為各種資訊快捷準確地傳輸做出了貢獻。

生物分類學的開端

有一位大科學家，他將一棵高度僅十公分的常青草命名為「林奈草」，把自己比作一株平凡普通的小草，異常謙虛。他獲得了瑞典國王授予的「北極星爵士」頭銜之後特意做的這件事，以鞭策自己做一個平凡普通的探索者，不驕不躁。

他就是「現代生物分類學之父」—— 卡爾·林奈（Carl Linnaeus）。

在十七世紀，生物界漸漸地有兩套方法進行分類，形成明確的習慣。第一種是人為分類法，代表是義大利生物學家馬爾比基（Malpighi）。第二種是自然分類法，代表是英國生物學家雷伊（Ray）。

馬爾比基的方法根據生物的器官形態，但只需要一種或少數幾種器官。雷伊的方法則需要依據生物的多數或全部器官。這樣，前者較簡單明瞭但太粗糙，後者繁瑣又不太實用。

到了十八世紀，博物學的數據越來越多，累積越來越豐富，生物分類以及演化論的萌芽均開始有所發展。

早在希臘時期的柏拉圖和亞里斯多德就提出來了分類法。柏拉圖提出以形態為準的兩分法，亞里斯多德提出「屬」

與「種」的概念，成為生物分類的偉大先驅者。

亞里斯多德本人曾描述過五百種動物。到十七世紀初，人們已經知道大約六千多種植物。十八世紀，人們的了解又翻了三番，總共知道約一萬八千種新植物。動物學面臨的種類也越來越多。生物分類成為一項緊迫的科學任務擺在人們面前。

林奈於西元一七〇五年五月二十三日出生於瑞典南方的司馬蘭德省拉舒爾特村，那是一個漂亮優美的村莊。他的父親本來是農民，後來做了牧師，也許對土地有著不捨的眷戀，他十分熱愛大自然。

他們家門口有一株十分古老的高大的菩提樹，根據「菩提樹」的發音，他們一家便姓林奈。

老林奈十分熱愛花草樹木，在家門口種植了一座小花園。他家房前屋後都是各種奇花異草和枝葉茂盛的樹木。小林奈從小生活在美麗的植物園中，這對他以後走向博物學者之路影響很大。在博物方面，老林奈有著豐富的知識，他成為小林奈的第一任教師。

林奈的中學老師羅斯曼（Rothman）對林奈幫助很大。林奈學業並不突出，只是對樹木花草有異乎尋常的愛好。他出色的植物學知識引起了羅斯曼的關注。林奈中學畢業，迫於生計，只好在一家鞋鋪裡當學徒。這時，羅斯曼將林奈接到自己家中，並提供給林奈大量書籍。

羅斯曼還傳授林奈生理學和植物學知識以及研究方法。林奈第一次在羅斯曼家看到法國植物學家杜納福的《植物學大綱》。這本著作深深地打動了林奈，使他下決心研究生物分類學。

羅斯曼以他的慧眼發現了林奈這匹千里馬，沒有讓他埋沒在店鋪裡。在他的幫助和鼓勵下，林奈考上了大學。西元一七二七年，林奈進入瑞典的隆德大學，在這所學校，林奈學習了一年左右遇上了第二位對他很有幫助的老師，著名的博物學家、醫生司徒比。司徒比無私地對待林奈，傳授給他採集標本和製作標本的方法，並且把自己珍藏的全部標本提供給林奈做研究。這為林奈奠定了學術基礎和經驗。

西元一七二八年，林奈轉學到更好的學校，即瑞典著名的烏普薩拉大學。在這裡，他系統性地學習了博物學以及標本製作，成為小有名氣的博物學家，嶄露頭角。

這次他認識了著名的植物學和醫學專家、教授攝爾恩(Celsius)。這位善於培養人才的學者發現林奈在植物分類學上的造詣很高，就讓他當上了大學助教，還讓他獨自講授植物學課，使林奈的才華得到充分施展。

西元一七三二年，瑞典科學院資助考察隊。林奈和一個探險隊來到瑞典北部拉普蘭地區進行野外考察，歷經艱難，採集了大量植物標本，在方圓約四千六百英里的荒涼地區發現了一百多種新植物。此次考察的成果是《拉伯蘭植物誌》

(*Flora Lapponica*)。

年方二十五歲的林奈受到瑞典科學院的嘉獎，並且以他的名字命名了一個屬為「林奈大屬」。儘管他很傑出，但由於他提前畢業沒有學位，烏普薩拉大學不能留他任教了。

林奈很不高興，悶悶不樂，鬱鬱寡歡。一天，他的鄰居莫勒來家作客，看到林奈，覺得他才華出眾，很欣賞他。老人提出把女兒許配給林奈，不過希望林奈能取得學位。西元一七三五年，林奈周遊各國，在荷蘭取得了醫學博士學位，完成了自己的心願，也完成了老人的囑託。同年，林奈出版了《自然系統》(*Systema naturae*) 的第一版。

在《自然系統》中，林奈首先提出了以植物的性器官為準則進行分類的標準。書的第一版只有薄薄的十二頁，但很快就產生了影響。「知識的第一步，就是要了解事物本身。這意味著對客觀事物要具有確切的理解；透過有條理的分類和精確的命名，我們可以區分並了解客觀物體……分類和命名是科學的基礎。」在此，林奈提出了分類的意義。

植物的有系統的雙命名制是博欣與土爾恩福爾首先創立的，林奈更把它加以發展。他在拉普蘭為了採集北極植物，在拉普蘭人中間遊歷，看到人種顯著的差別。在他的《自然系統》中，他把人與猿猴、獼猴、蝙蝠同放在「靈長目」中，又按照皮膚的顏色與其他特點，把人分為四類。

林奈在生物學中最主要工作是建立了人為分類體系和雙

名制命名法。林奈把自然界分為三界，即動物界、植物界和礦物界。對於植物界，林奈依據雄蕊和雌蕊的類型、數量及大小等特徵，還有蕊的排列順序，種種條件把植物分為二十四綱、一百一十六目、一千多個屬和十萬多個種。林奈首創了綱、目、屬、種的概念。

林奈把人為分類法運用到動物界。西元一七四六年他出版《瑞典動物誌》。在此書中，林奈將動物分為六大綱：鳥綱、兩棲綱、哺乳綱、魚綱、昆蟲綱、蠕蟲綱。他發現，人與類人猿在身體構造上具有相似性，所以把人與猿歸入同一個屬中。

林奈成為生物學發展的里程碑，並成為近代以來首先確定人類在動物界的第一人。

西元一七四五年，林奈發表了《歐蘭及高特蘭旅行記》(*Öländska och Gothländska Resa*)。林奈提出了雙名制命名法，並在西元一七五三年的《植物種誌》(*Species Plantarum*)中全面推廣使用了這種方法。雙名制就是所有的物種均用兩個拉丁字去命名，屬名在前，種名在後，學名由屬名和種名組成。這種命名方式結束了以前的混亂命名現象。林奈認為，屬名好比整個家族的姓氏，而種名就是每個家庭成員的名字。林奈的雙名制命名法於西元一八六七年被國際植物學會確認，成為全世界統一的命名方法。

《自然系統》一書在林奈生前一直增訂修改。西元一七六八年，這本書出了第十二版，比第一版的十二頁多出一千多頁，共有一千三百二十七頁了。

林奈認為，「人為體系只有在自然體系尚未發現以前才用得著，人為體系只告訴我們辨識植物，自然體系卻能把植物的本性告訴我們。」他同時了解到，真正的自然體系是複雜的而且隨意性很強，所以很難建立。這是在演化論出現以後的事情了。

林奈的地位很高，學生們到處探險採集標本而不讓他冒險。這樣，有的青年喪生了，林奈十分悲傷。

西元一七六一年，國王冊封林奈為貴族，稱他為「卡爾．馮．林奈」(Carl von Linné)。西元一七七八年，林奈去世，葬禮很隆重。

林奈去世以後，英國的博物學家史密斯來到瑞典林奈的家中，請求購買林奈的書籍和收藏的標本，家人同意了，瑞典政府也未意識到什麼。等到裝載林奈遺物的英國船開動，瑞典人才意識到失去了珍寶。

據說，瑞典海軍曾出動軍艦去追趕，但是英國船跑得非常快，最終沒有趕上。瑞典政府痛失了珍貴的科學遺產。

病菌、病毒原理的發現

西元一八九二年十二月二十七日，法國巴黎大學的會議廳裡擠滿了人，國外代表和法國各科學團體的代表坐在榮譽席上。當一個步履蹣跚灰白頭髮的小個子緊緊挽著共和國總統的手臂走進大廳時，樂隊奏響了凱旋進行曲，每一個人都站了起來，全場歡聲雷動。一位英國醫生由衷地讚嘆道：「誰能說明有多少生命靠你而得救，有多少生命將來還要靠你而得救？你已經揭開了多少世紀來遮蓋著傳染病的帷幕。」這位被稱頌的人是誰呢？他，就是當時法國著名的微生物學家、化學家巴斯德 (Pasteur)。這次盛會，是為慶賀他的七十壽辰、讚揚他的傑出貢獻而舉辦的。

西元一八二二年十二月二十七日，巴斯德生於法國東部的多勒城。家境貧寒，父親是製革工人，母親也是勞工人家的女兒。他從青年時代就立志要當一名化學家，在巴黎高等師範學校取得生理學學士學位後，他繼續攻讀化學博士學位，並以優異成績獲得了博士學位。在求學期間，他節衣縮食，把生活費用維持到僅能勉強活下去的最低限度，把節省下來的錢用於研究。為此他經常餓得身體發虛，胃部發痛。畢業後，巴斯德一邊教化學課，一邊繼續研究結晶體。他花費了將近五年的時間，第一次發現了有機化合物的旋光異構現象，為現代生物化學奠定了基礎。

巴斯德在向科學的巔峰攀登中，總有一種廢寢忘食、不畏艱險的精神。他非常熱愛他的研究工作，西元一八四九年五月二十九日是巴斯德結婚大喜的日子，人們紛紛前來賀喜，可唯獨不見新郎，大家只好分頭去找，最後終於在學校的實驗室裡找到了正在做實驗的巴斯德。法國南部的阿萊省蠶絲業很發達，但不知為什麼每年都會發生使人惱怒的情況：蠶兒不斷生病，不吐絲，不做繭，甚至大批死亡。巴斯德在對這種蠶病的研究中，每天從清晨五點到晚上十一點連續工作。這期間他的三個孩子不幸夭折，他在痛苦中堅持研究，終於找到了防治蠶病的辦法。阿萊省的蠶農為了紀念他所作出的貢獻，為他立了一座雕像。

西元一八七〇年普法戰爭爆發，巴斯德為了表示對侵略者的抗議，他把普魯士波恩大學授給他的博士學位證書退了回去。他認為「為祖國戰死是幸福的！」他要求參加作戰，後來沒有去成。

法國的酒一向以品質優良而享有盛名，但有一個致命的缺點：不能遠銷。釀出的佳釀放一段時間，就常常會變酸，造成巨大的損失。為什麼酒會變酸呢？巴斯德透過詳細的調查研究，終於發現酵液體中有許多細菌。但如何才能消滅這些細菌呢？巴斯德用了許多抗菌藥品做實驗，結果都不理想。最後，他試著將酒加熱到各種溫度，發現只有將酒緩緩加熱到五十度時，酒裡的細菌才全部被殺死，因此人們稱這種消毒法為巴斯德消毒法，並且沿用至今。

從一八七〇年代開始，巴斯德開始集中精力研究怎樣對付細菌，從而成為一位著名的「細菌獵人」。

那時候，法國的羊群常因炭疽病蔓延而大批死亡。巴斯德決定為農民解救危難，來到炭疽病流行的夏特勒地區。一到那裡，他就抽取病羊的血，從中找到了引起炭疽病的細菌——炭疽桿菌，並且用稀薄的炭疽桿菌液注射到羊的身體裡去。這樣一來，羊就不再得炭疽病了。不久，巴斯德又被邀請去研究一種雞霍亂病。

這時，巴斯德已從實踐中摸索出一套研究動物傳染病的方法：首先把引起病的微生物找到，把它培養起來，讓它繁殖；然後用它注射到正常的動物身上，看它是不是會引起同樣的病。如果動物得病了，還得在牠的身體內找到同樣的微生物。現在，巴斯德就用這種辦法來研究雞霍亂。經過反覆實驗，他發現：如果讓培養液長期暴露在空氣中，雞霍亂菌就會失去致病的能力，可是這種病菌卻能使雞得到免疫的能力。巴斯德把這種具有引起免疫力的細菌稱為「菌苗」。

巴斯德從這裡開始又研究炭疽桿菌。經過幾輪實驗，後來他把培養箱的溫度調到四十二度至四十三度之間，炭疽桿菌危害牛羊的作用明顯減小，可以作為菌苗讓牛羊接種防病，從而能預防炭疽病。就這樣，巴斯德取得了戰勝傳染病的劃時代成就——創立了免疫學。

巴斯德用菌苗預防雞霍亂和炭疽病取得成功後，向法國科學院請求進行公開的實驗。西元一八八一年五月五日，在梅侖的普萊堡農場，巴斯德把四十八隻羊分成兩批，各二十四隻，其中一批當場被注射了減毒炭疽菌苗，另二十四隻任其自然。然後巴斯德宣布：他將在第十二天、第二十六天，分別為這四十八隻羊注射等量的有毒炭疽菌苗，並預言，今天注射過減毒菌苗的二十四隻羊將不會生病，而另二十四隻羊會患炭疽病死亡。

六月二日，一大批議員、記者、獸醫和牛羊業經營商，以及附近的農民迫不及待地再次來到普萊堡農場看結果。二十四隻接種疫苗的羊果然全都活著；而另二十四隻羊中，二十二隻已經死亡，剩下的兩隻也是奄奄一息了。親眼目睹的人們高興地喊道：「奇蹟，這真是奇蹟！」巴斯德的發明，拯救了法國的畜牧業，他也因此而獲得了法國最高榮譽——榮譽大勛章。

但巴斯德並沒有就此止步。他進一步想到要是能將細菌和微生物的原理用來治療人類的疾病該有多好啊！

當時歐洲的醫學還很落後，外科手術的死亡率達百分之八十以上，大多死於傷口感染化膿。對病人施行手術，差不多等於宣判死刑。巴斯德潛心研究後發現：造成死亡的原因是因為開刀的傷口暴露在千百萬細菌面前。空氣、紗布、器具、醫生的手上，到處都布滿了細菌。對此他提出了高溫消毒滅菌法。當時蘇格蘭有一位外科醫生李斯特接受了巴斯德的建議，手術前進行徹底消毒，結果在他主辦的醫院裡，手術病人的痊癒率是當時世界外科醫院中最高的，而術後死亡率又是最低的。

十九世紀後期，狂犬病嚴重地威脅著人們的生命。年過六十的巴斯德又對瘋狗產生了興趣，於是他專注於狂犬病疫苗的研究。他把瘋狗的唾液注射到兔子身上做實驗。一次，一條大瘋狗由於陣痛引起狂怒，口水直流，巴斯德立即和助手一起把狗牢牢地綁在桌子上，為了取得這條大瘋狗嘴裡的唾液，他親自用嘴含住滴管從瘋狗的顎中吮吸唾液，吸完後，他轉身告訴助手，實驗可以繼續進行了。正是憑著這股獻身精神，巴斯德的抗狂犬病疫苗在動物身上獲得了成功。

一天，阿爾薩斯省的一名叫梅斯特的九歲男孩被一條瘋狗咬傷了十四處，兩天後被送到了巴斯德這裡。巴斯德猶豫了，抗狂犬疫苗從來沒有在人身上實驗過啊！人命關天，最終巴斯德還是決定試用，如果失敗，他願承擔一切後果。注射後的那天晚上，巴斯德緊張得徹夜不眠，隨時注意病孩的反應。三十一天後孩子完全恢復了健康。巴斯德終於鬆了一口氣。從此，注射抗狂犬病疫苗的治療方法在全世界迅速推廣，挽救了成千上萬的病人。巴斯德的病菌和病毒發現猶如上帝賜給了人類一位「神醫」，巴斯德也因此贏得了全世界人民的尊敬。

元素週期律的確立

門得列夫一生勤奮地從事化學研究，終於發現了自然科學的重要定律之一——元素週期律，並據此預見了一些當時尚未發現的元素。元素週期律還指導了對元素及其化合物性質的系統性研究，成為現代有關物質結構理論發展的基礎。

西元一八三四年二月八日，門得列夫生於俄國貧寒的中學教員家庭。他天資聰穎，勤奮好學，少年時父親去世，由母親撫養，母親希望日後他能成為一個對社會有用之才。西元一八五五年，門得列夫畢業於彼得堡師範學院，當過中學化學教師。西元一八五九年至一八六一年在德國海德大學進修，在那裡，門得列夫結識了一大批著名的化學家，有德國的，還有法國、義大利的。他們有關區別原子量與分子量的主張對門得列夫產生了重大影響。回國後，他在著名的彼得堡大學任教，博學多才的他，講授的課程妙趣橫生，深受學生喜愛。不久他就成為彼得堡大學首屈一指的化學教授。與此同時，他還在研讀前人的科學論著，蒐集了大量的科學文獻數據。

西元一八六九年，門得列夫開始教授無機化學這門課程。他發現這門課的內容太陳舊，迫切需要一本能反映最新科學發展的無機化學教科書。於是，他決定編一本新的教材，並取名為《化學原理》。經過兩年的努力，他完成了《化學原理》第一卷，但是，當他從事第二卷的著述時，遇到了困難。這一卷要論述到化學元素的性質，可是，它們的次序應該怎樣排列呢？當時化學家們在論述這個問題時，有的先講氫，因為它最輕；有的先講氧，因為它最為常見；有的先講鐵，因為它使用得最多。門得列夫認為：之所以產生這種現象，是因為化學家們還不清楚化學元素之間排列的規律。他決心找出化學元素性質變化的規律，並把它寫進《化學原理》中去。

為此，門得列夫製作了六十多張卡片，在每張卡片上都寫了該元素的名稱、原子量、化合物的化合價和主要性質以及有關它的已知材料。以什麼為依據來編排元素的順序呢？經過反覆比較，門得列夫終於發現只有按照元素的原子量來編排才是最理想的，因為每種元素的原子量都有確定的數值，而且當時已經知道的六十多種元素的原子量彼此都不相同。他排成了一張表，在這張表中，各種元素的性質隨著原子量的增加，而大致呈現出週期性的變化。

然而，在排列過程中，門得列夫遇到了一些特殊情況。這些情況很難處理。比如鈹這個化學元素，如果按原子量順序來排列，應該插在碳和氮之間，但顯然是多餘的；而鋰和硼之間，卻又好像少了一個元素。「會不會是鈹的原子量弄錯了呢？」門得列夫大膽地提出了這個疑問。鈹的當量是四點五，這是透過實驗得到的不會有問題，但化合價是推測出來的。當時人們認為鈹的性質像鋁，因而把它的化合價與鋁定為一樣，都是正三價，而原子量是化合價乘以當量計算出來的，因此鈹的原子量是十三點五（碳的原子量為十二，氮的原子量為十四）。如果它的性質不像鋁而像其他什麼元素，原子量就會不同。

門得列夫查閱了大量數據，結果發現，鈹的性質也很像鎂，而鎂的化合價為正二價。這樣鈹的原子量成為六，正好排在鋰（原子量為七）和硼（原子量為十一）之間。這一突破極大地鼓舞了門得列夫，他又用類似的辦法，大膽更正了好幾個元素的化合價和原子量，從而使這些元素在排列中回到它們應有的位置上。

但新的問題又出來了：比如鈣的原子量為四十，而在它後面的鈦的原子量，卻猛增到五十。按週期性排列的元素之間在原子量和性質上上下脫節！門得列夫苦苦地思索，終於想到，現在的六十多種元素不會是自然界現存的全部元素，今後還會有新的元素被發現。他設想在鈣和鈦之間，還會有一個至今仍未發現的元素，它遲早會被人們發現，所以應該在鈣的後面，為這個未發現的元素留下一個空位。門得列夫稱之為「類硼」，並預言了它的一些主要性質。

門得列夫在排列時還發現，鋅後面應該是砷，但砷的性質和磷相似，應該放在磷下面。於是他又大膽推測鋅與砷之間還有兩種元素未被發現，門得列夫把這兩個位置空了出來，並稱之為「類鋁」和「類矽」，並同樣預言了它們主要的性質。

就這樣，三十五歲的門得列夫在化學元素符號的簡單排列中，發現了化學元素週期律。西元一八六九年，門得列夫發表了世界上第一張化學元素週期表。發表後，不少化學家對它表示懷疑。特別是對他預言並描述當時還未發現的類硼、類鋁和類矽三種元素，表示不可理解。甚至有人認為門得列夫是想入非非。連他的導師也告誡他要踏踏實實做些實事，別再不務正業了。然而，門得列夫堅信，週期律是科學的，它一定經得起實踐的檢驗。

西元一八七五年，門得列夫在法國科學院院報上看到一篇報導：法國化學家布瓦博德朗發現了一種新的元素——鎵。門得列夫認為它的性質和自己預言過的類鋁很相似，但這種新元素的比重是四點七克 / 立方公分，與他預言的比重五點九至六克 / 立方公分差距較大，這是為什麼呢？門得列夫再次核算了一遍，認為自己的預言是正確的。於是他寫給布瓦博德朗一封信，告訴他鎵的比重測錯了。布瓦博德朗接信後大吃一驚，這位法國化學家按照門得列夫的建議重新提煉了鎵，並再次測定了它的比重。完全證實了門得列夫的科學預言。就這樣，法國科學家用實驗的方法，證明了元素週期律的科學性。這件事在歐洲引起了巨大反響，許多科學家根據門得列夫創制的元素週期表，去探索尚未發現的元素。歐洲幾十個著名的實驗室，都在緊張地工作，他們渴望新發現。

西元一八八〇年，瑞典兩位化學家發現了一種新元素——鈧，這就是門得列夫預言過的類硼；一八八六年，德國化學家文克列爾用光譜分析法發現了一個新元素——鍺，這就是門得列夫預言過的類矽。早在西元一八七一年，門得列夫還曾預言過十一種未發現的元素，並且指出了它們應排列的位置和原子量等。以後陸續被發現的新元素氦、氖、鐳、錸、鍀、砈等，再次證明了週期律確實是普遍適用的。週期律作為一個基本定律，有力地促進了現代化學和物理學的發展。

由於發現了化學元素週期律，門得列夫順利地寫出了《化學原理》第二卷。這是世界上第一部以化學元素週期律為綱的無機化學教科書。

門得列夫晚年繼續勤奮地工作。西元一八八七年，他根據溶劑與溶液相互作用的原理，創立了溶液水代理論，之後又提出煤在地下氣化和以化學精煉石油的主張。西元一九〇二年二月二日，門得列夫病逝，幾萬人自發地參加了他的葬禮。在送葬的隊伍中，有人高舉著一條巨大的橫幅，上面畫著這位偉大化學家所創制的元素週期表。

孟德爾發現人類遺傳定律

孟德爾 (Mendel) 於西元一八二二年生於赫茲杜爾夫城，該城那時隸屬於奧地利帝國，現在是捷克斯洛伐克的一部分。西元一八四三年，他進入奧地利布林諾城的一座聖奧古斯丁派的修道院（現在該地在捷克斯洛伐克境內）。一八四七年他被任命為牧師。一八五〇年他參加了教師資格考試，因生物學和地質學得分太少而未能通過。儘管如此，他所在的修道院院長仍派他去維也納大學學習。從西元一八五一年到一八五三年他在那裡學習了數學和自然科學。孟德爾從來沒得到過正式的教師執照，但從一八五四年到一八六八年，他一直是布林諾現代中等學校的自然學科的代課老師。

就在此期間，從西元一八五六年開始，他完成了他那著名的植物培育實驗。到一八六五年他已經得出了著名的遺傳定律並向布林諾自然歷史學會提交了一篇關於這些定律的論文。論文的標題是〈植物雜交實驗〉(*Experiments on Plant Hybridization*)。第二篇論文三年後在同一雜誌上發表。儘管布林諾自然歷史學會的《學報》不是一份有名望的雜誌，它還是被主要的圖書館收藏。另外，孟德爾將他的論文副本寄給了一位遺傳學的權威尼基利。尼基利閱讀了論文並回信給孟德爾，但他沒能理解論文的重要性。此後，孟德爾的論文被忽視，並在以後的三十多年裡幾乎被忘掉。

西元一八六八年，孟德爾被任命為他所在修道院的院長。從那時起他的行政事務使他幾乎沒有時間繼續進行他的植物實驗。在西元一八八四年他去世時，他的偉大實驗幾乎被世人完全忘掉，他也沒有因為他的實驗而得到世人的承認。

直到一九〇〇年，孟德爾的工作才被重新發現。當時有三位各自獨立工作的科學家（一位是荷蘭人德弗里斯、一位是德國人科林斯、一位是奧地利人切爾馬克）碰巧看到了孟德爾的論文。這三人各自完成了自己的植物學實驗；每個人都獨立發現了孟德爾的定律。每個人在發表他們的實驗結果前都研究了文獻，碰巧看到了孟德爾最初的論文；每個人都仔細引述了孟德爾的論文並陳述他們自己的工作確認了孟德爾的結論。這是個多麼令人驚異的巧合！而且就在同一年，英國科學家威廉．貝特森（William Bateson）也碰巧看到孟德爾的論文並使其他科學家迅速注意到它。到這一年底，孟德爾得到了本該在他有生之年得到的喝采。

孟德爾到底發現了遺傳學上的什麼事實呢？首先，孟德爾了解到所有的生物組織內都有一個基本單元，今天它被稱作基因。透過基因，遺傳特性可以由親代傳給下一代。在孟德爾研究的植物中，如種子的顏色或葉子的形狀等每一種單獨的特徵都由一對基因決定。一株單個的植物從來自每一個親代的每一對基因中繼承一個基因。孟德爾發現如果兩個被繼承的基因被給定的性狀是有區別的（例如一個基因來自綠色的種子，另一個基因來自黃色的種子），那麼通常只有顯性基因的作用（在這個例子裡是黃色的種子）在這一個體中表現出來。但隱性基因並沒有破壞並有可能也傳遞給該植物的後代。孟德爾意識到，每一個生殖細胞，或叫做配子（相應的對人類就是指精子和卵子細胞），僅僅包含每一對基因中的一個基因。他還指出，每一對基因中哪一個基因發生結合形成一個配子並傳遞給一個個體的後代完全是偶然發生的。

孟德爾定律儘管後來稍微做了些修改，但它們仍是現代基因科學的開端。孟德爾進行大量的實驗（孟德爾記錄的結果超過了兩萬一千株個體植物！），並用統計方法對這些結果進行分析，才能歸納出他的定律。

顯然，遺傳定律是對人類知識的重要補充。並且我們的遺傳學知識在未來可能會得到更多的應用。孟德爾功不可沒。

孟德爾作為一名業餘科學家，經過勤奮鑽研，發現了遺傳定律，為後世的基因科學奠定了基礎，受到後人的景仰。

光譜的發現與證明

對光的速度的測量是技術的大發展，但是這最重要的技術不是因為對光速度的研究，而是對光顏色的研究。

牛頓透過光透過稜鏡的情形來觀察光的性質。他在把實驗裝置裝備好時，就會在稜鏡後面的螢幕上產生光譜，這是一道彩虹。所謂「紅移」與「藍移」就是根據光譜位置來說的。

牛頓發現白光並不單純，而且白光是最不單純的光，白光可以分成多色，多色光又可以合成白光。

約瑟夫．夫朗和斐（西元一七八七至一八二六年）是慕尼黑的一名磨鏡師和玻璃製造工匠。他曾經設計過精密的磨床，他還改進了望遠鏡，並且對各種玻璃的性質十分熟悉，知道怎樣加工成優質的光學儀器。

夫朗和斐比較各種玻璃的光折射，讓日光通過用單種玻璃做的稜鏡，但他發現，由於光譜的顏色密集在一個較小的範圍內，一開始就做出精密比較是不可能的。所以夫朗和斐擬定了方案，依靠這個方案進一步擴展光譜。

結果，夫朗和斐線誕生了。

太陽光譜的顏色不是沒有間隙的和連續的，從光譜上看到的是無規則地有窄譜線分布。這就是夫朗和斐線。

夫朗和斐認為，「這些譜線證明被分解的白色日光的成分，並非是由不同折射力的連續光譜組成，而且證明光來自一定的顏色層次，因此暗線是光譜中的間隙，這些間隙與缺少的光相應，假使這個光譜每次都是由日光通過同一材料製作的稜鏡產生的話，這些譜線就會始終處在光譜的同一部分，次序和位置相同，密度和明暗相同。如果材料不同，數量、次序、明暗度也沒有變化，但是譜線之間的相互距離卻有不同」。

人們歷來都認為太陽與其他恆星是同一光種，但夫朗和斐發現恆星光譜與太陽光譜不同。

這下引發了一項重要研究，即光譜分析。光譜分析是十九世紀的重大科學成就，由於光譜分析，使得化學家可以指出微小元素的情況，而天文學家也開始走向天文物理。至於冶金、工程等方面，也可以精密地確定出微量物質從而斷定質量。

當時人們利用的是元素、原子與光的關係，而為什麼它們能保持發光並且顏色各不相同呢？十九世紀的人們是不知道的，這是原子物理學的範圍了。

今天實驗室裡的「本生燈」，是科學家本生發明的一項技術性工具，是一種有充分空氣供應的煤氣燈。由於空氣供應很充分，這種火焰幾乎沒有顏色，而且熱量很高，十分有助於觀察顏色。

德國的化學家本生（西元一八一一至一八九九年）與他的同事克希霍夫（西元一八二四至一八八七年）利用這種燈研究了很多元素的燃燒發光。

他們用鉑金絲將各種鹽類慢慢靠近火焰，就可以觀察到鹽類上燃燒的蒸氣光譜。「我們面前的這些現象，屬於人造的最輝煌的光學現象。現在我們只看到與燃燒的鹽相應的光譜，這種光譜以最大的光澤出現，而在以前的實驗中，光譜的最大特點被酒精光所遮蔽」。

本生與克希霍夫斷定金屬有其特殊的焰色反應。為了進一步使不易熔解的金屬化合物呈現焰色反應，他們二人還利用了電火花，因為電火花提供的火光很強。

白熾的固體光譜是連續的。由於元素的光譜與其含在哪種化合物中無關，那麼檢驗某種元素的一種好方法就是焰色反應。在檢驗中，一種化合物的各種元素的光譜不會相互干擾或影響。但主要的是，本生和克希霍夫提供的驗證方法顯示了極大的靈敏度。本生描述說，在一次實驗中，三百萬分之一毫克的鈉已經足夠獲得一個清晰的光譜了。

運用光譜分析，人們不久發現了在研究中一直被忽視了的一些化學元素，因為它們只是出現在極微量的分布中。像銣和銫，就是本生透過焰色發現的。後來透過光譜，又發現了銦、鎵、鈧的存在。未知化合物的成分也可以透過光譜分析確定。

夫朗和斐曾經觀察到，太陽光譜的兩條暗線剛好處在實驗室實驗中鈉光譜的明線位置上。萊昂．傅科（Léon Foucault）和本生以及克希霍夫是這樣解釋的：如果亮光落在較不亮的鈉蒸氣上，那麼就會出現「鈉線的逆變」。光譜中，原來明線的位置到現在比其餘部分暗。使用相應的實驗方法，其他化學元素的光譜線也有同樣的情況。

其原因是什麼呢？

發光的氣體和蒸氣吸收它們自己放射的顏色。除了發光體的光引起的發射光譜外，還有吸收光譜。光通過發光的氣體和蒸氣時，就產生了吸收光譜。這時，吸收光譜在某種程度上就是發射光譜的「反面」。吸收光譜中屬於某一元素的暗線所處的位置，恰好是沒有吸收時發射光譜的明線所處的位置。

這種認知解釋了太陽光譜中夫朗和斐線的形成。

克希霍夫這樣寫道：「為了解釋太陽光譜的暗線，必須承認，太陽的大氣包圍著發光體，發光體本身只產生沒有暗線的光譜。人們可以做的假設就是，太陽是一個固體的或流體的高溫的核，四周是溫度略低的大氣」。

太陽大氣中的元素吸收了「自己」的光，因此形成了暗線。事實上進一步的測量和比較表明，地球上有許多元素在太陽大氣中是熾熱的蒸氣。只要擴大研究恆星的光譜，就會發現，「地球上的」元素在恆星上也存在。

在化學史上，有一個元素的發現第一次是在太陽上。

當時人們已經知道怎樣安放和遮暗附有光譜儀的望遠鏡，以取得太陽四周熾熱氣體層的光譜，而不是太陽本身的光譜。所以，分光鏡顯示的不是吸收光譜，而是發射光譜。正常情況下暗的夫朗和斐線顯得明亮了。英國天文學家和物理學家約瑟夫·諾爾曼·洛克耶（Joseph Norman Lockyer）在這裡觀察到一個明亮的黃線，這個位置是屬於一個未知元素的。洛克耶估計原因是地球上存在一個未知的元素，他命名為氦。幾乎過了三十年，西元一八九五年地球上的氦才被發現，而且是在某些礦物之中，有微量的氦。新元素第一次發現於太陽，後來才發現於地球，這是一個令人信服的證據，證明同樣的元素也存在於天體之說。

從此，光譜分析在天文學和天文物理學方面建立了豐功偉業。

人們從星球的光譜可以推斷其表面大氣溫度，由此又可得到星體本身溫度的要點。

光源的光譜中存在細微的，只有用最精密的手段才可以測得的偏移，偏移取決於光源朝我們來或離我們去的運動速度，根據這一點，可以用光譜分析來測定恆星速度。

十九世紀迅速發展的攝影技術，為光譜分析做出了貢獻。

目前光譜分析已從可見光到不可見光，可以對遙遠星球的化學成分進行測定，證明了化學元素的普遍存在。

光電效應的發現與研究

普朗克（Planck）的量子假說提出後，第一個認真考慮他的觀點的是阿爾伯特．愛因斯坦（Albert Einstein）。

普朗克的假設違反「連續性」的經典物理，並且以「假設光波振動的解釋」解釋不連貫的量子能量傳遞，使多數科學家不能接受。

以上問題在愛因斯坦解決「光電效應」問題之後，變得明晰起來。而愛因斯坦也因此而獲得西元一九二二年諾貝爾物理學獎。

光電效應是在光的照射下金屬表面發射電子的現象。

西元一八八七年，威廉．哈爾瓦克斯（Wilhelm Hallwachs）發現了一種現象，用紫外線照射帶負電壓的驗電器金屬板，驗電器就放電，光線由金屬「打出」電子，現在的光電管原理就在於此。

繼西元一八八七之後，俄國學者斯托列托夫（Stoletov）等人也做了多次同類型的實驗，確證了這個事實，並證明被光照過的金屬板帶的是正電。

人們開始定量地研究這種現象並測試「光電子」所帶能量。結果發生矛盾。根據經典物理學定律，光電子的能量會隨光度增加而逐漸增加，但實驗中發現，光的強度雖然增加了，光電子的數量增加了，但能量卻沒有變化。

令人們百思不得其解的是，光電子的能量和照射光的頻率有關。照射光的頻率越高，光電子能量越大。這就是愛因斯坦的觀點所在。

西元一九〇五年，愛因斯坦發表了三篇論文。其中一篇〈關於光的產生和轉化的一個啟發性觀點〉（*On a Heuristic Point of View about the Creation and Conversion of Light*）的論文認為，在西元一八九九至一九〇二年之間，德國學者赫茲的助手勒納德提出光電效應中經典波動理論無法解釋的三點是光的微粒性質的實驗證據。

勒納德提出：

其一，每一種金屬表面都存在一個截止頻率，頻率再小，不管光強度多大，都不能發生光電效應。

其二，射出的光電子動能只與入射光頻率有關，與光強無關。

其三，只要入射光頻率超過截止的那個頻率，無論怎麼弱，都會立即引發光電效應。

在論文中，愛因斯坦把普朗克的量子說和光的微粒觀點相結合，提出光量子假說。光是由光子也是能束和能粒子所組成。牛頓曾經想到過的粒子觀點被波說取代後，在愛因斯坦這裡吸收了他的有益思考。

愛因斯坦認為，一束單色光，是一束以光速運動的粒子流，這些粒子稱為光量子，也就是光子。每個光子都有一定的能量，這個透過頻率計算，用普朗克常數與頻率相乘，可得出每個光子的能量。

一束光的能量就是發射出的光子能量之總和，一定頻率的光，光子的數目越多，光的強度就越大。

光電子能量和入射光頻率之間的關係對古典經典物理學而言，是無法解釋的。頻率和能量的緊密關係要求人們利用普朗克常數。

愛因斯坦正是站在普朗克的基礎上而比普朗克更革命。愛因斯坦考慮了中間發生的事情。也就是說量子是否按波的形式傳播或是一成不變。愛因斯坦假設能量按一個量子傳播。光輻射也是由微粒子，即一種「能量小包」組成的。這些微粒子以光速飛越空間，粒子能量是由頻率和作用量子的乘積得出，意味著頻率對光電子的影響。

光電效應是由於金屬中的自由電子吸收了光子能量從金屬中溢位而發生的。電子吸收一個光子便獲得了一份能量，這份能量一部分被消耗，因為電子從金屬表面溢位要做功；一部分就是電子逃離時的動能。

h 為普朗克常數，電子從金屬表面溢位所做的功為 A，速度為 v，則有：hv=A+1/2mv2，這就是愛因斯坦方程。

愛因斯坦的光量子理論，雖然能正確地解釋光電效應，但仍然沒能獲得廣泛承認，就連普朗克這位最早提出量子論的人，也認為愛因斯坦的理論「太過分」了。

原因就在於我們前面所說的「途中」。普朗克只認為電磁波在發射和吸收能量時是一份一份的，而愛因斯坦認為在傳播過程中也具有這樣的性質。

愛因斯坦理論的提出，使人們對光本質的了解前進了一大步。他重新引入微粒觀，又肯定了波動的意義。主要是由於愛因斯坦的工作，使得光的波粒二象性確立，即光有時表現有波動性，有時表現為粒子性。

實驗中的「斯托克斯定律」(Stokes law) 是愛因斯坦理論的證明。斯托克斯定律是：如果光碰上一塊發螢光的平面，那麼螢光的頻率幾乎總是比較低的，絕不會高過引發輻射的頻率。如果用波動理論，則無法解釋，在光量子的假說中，透過愛因斯坦方程可以看到，打在螢幕上的量子放出一部分能量，因此被反射的量子能量較小，頻率也較小。

另外，照相底板受到光照時，即使光線強度極弱，感光層的某些小顆粒也會起變化，而感光層的其他部分則依舊如故。這證明是光量子命中的部分引起變化。

美國物理學家密立根 (Millikan) 激烈地反對光量子理

論，他花了十年時間，企圖用實驗來否定愛因斯坦。為了研究愛因斯坦方程，他把頻率已知的單色光落到一塊板上，然後盡量準確地測出放出的光電子能量。他用這種方法得出的普朗克常數與普朗克公式常數完全一致。

根據種種實驗，光既有波的性質，又有粒子的性質，愛因斯坦關於光是粒子組成的理論，沒有讓現代科學家放棄光的波動，而是有機統一且辯證地結合起來，即光的波粒二象性得到確立。

X 射線的首次發現

西元一八九五年十一月的一天傍晚，一位五十多歲的教授走進他任教的學校的實驗室。他脫掉厚厚的外衣，換上一件工作時穿的衣服，就急忙坐到了實驗臺旁。他很小心地用一塊黑色的紙把一個梨子形狀的真空放電管包裹得嚴嚴實實，好像是害怕有光線從管內射出來似的。然後，他才站起身，關上所有的門窗，把窗簾拉好，這才接通了放電管的電源，彎腰觀察那塊黑紙裡面是否有光線漏出來。

突然，他發現了一個奇特的現象：在離放電管不到一公尺的小工作臺上，射出一道綠色的螢光！

「這光是從哪裡來的呢？」教授心中想道。他奇怪地向四周看看，並未發現什麼。於是他切斷電源，光電管熄滅了。再看那道綠光時，綠光也不見了。

接著，他連續試了多次，只要電源一通，光電管一亮，綠光就出現了。於是他劃了一根火柴，看看小工作臺上到底有什麼東西。

原來，那裡有一塊硬紙板，上面鍍著一層氰亞鉑酸鋇的晶體材料，神祕的光線就是它發出來的！

「可這塊紙板又為何能發光呢？」教授不得而知，暗問自己道，「難道是這光電管中有某種未知的射線，射到紙板上引起它發光的嗎？」

想到這裡，他隨手拿起一本書來，把它擋在光電管和紙板之間，想證實一下自己的推斷。可使他驚奇的是，這種光線不僅是光電管內放射出來的，更奇怪的是，紙板上還是發光。他又將紙板挪遠一些，上面仍然發光。

「上帝呀！這種射線竟能穿透固體物質！」教授欣喜若狂，抑制不住內心的激動，忘記了四周的一切。他緊接著用木頭、硬橡膠來做障礙物，進行了反覆實驗，結果發現，這些物體都不能擋住這種射線。就這樣，不知不覺已到了第二天早上。

這個為實驗如痴如醉的教授就是符茲堡大學的校長、著名的物理學家倫琴（Röntgen）教授。最近一段時間內，他一直在實驗一個經過改良的陰極射線管。因為他白天有許多行政工作和教學任務，只好把自己的科學實驗放在夜晚進行。

倫琴的妻子發現他一夜未歸，派人叫他吃早飯。他嘴裡應著，可手仍在不停地做實驗。經過幾次催促，他胡亂吃了一點，一句話沒說，又回到實驗室。

接連幾天，都是如此，他把自己關在實驗室裡，外面的一切似乎對他都毫無意義，一門心思用到這種無名的射線身上。他反覆用各種金屬做實驗，結果，除了鉛和鉑以外，其他都被射線穿透。

有一天，他無意之中把手擋在光電管和紙板之間，一下子驚呆了，他清楚地看到每個手指的輪廓，並隱約地看出手骨骼的陰影！

「這恐怕是人類第一次看到活人身體內部的骨骼！」倫琴驚懼地想道。冷靜了一下，他決定繼續自己的實驗，直到能從理論上說明以後，才對外公布。

最近幾天來，人們發現倫琴教授有些異常，一個人一言不發地待在實驗室，常常是早去晚歸，廢寢忘食，但大家十分尊敬這位勤奮的科學家，沒有人去打擾他。

他的妻子對此疑慮重重，看到他日漸消瘦的臉龐和疲憊不堪的身體，就關切地問道：

「你今天一定要說清楚，最近這幾天在實驗室究竟做些什麼？」

倫琴笑了笑，輕描淡寫地答道：「只是一般的實驗。」妻子十分了解倫琴，知道他一定有重大的祕密，出於對丈夫的關切和自己的好奇，硬要求丈夫把她帶到了實驗室。當妻子親眼見到這種現象時，也感到異常的驚奇。倫琴見機行事，對妻子說：「你是否願意充當實驗對象？」

妻子見丈夫一本正經的樣子，便不敢把這當作好玩的事情，想拒絕又怕影響丈夫的工作，勉強同意了這件事情。

她小心翼翼地按著丈夫的安排，把手放在裝有照相底片的暗盒上，倫琴急忙接通電源，用光電管對著照射了十五分鐘。可當他把照片送到妻子的面前時，嚇得她渾身打顫，瞪大了恐怖的眼睛。她簡直不敢相信，這畢露的骨骼，竟是自己豐潤的手！

這是歷史上最早的「X 射線」照片 —— 這是倫琴為這種射線取的名字，直到現在，人們還把它稱為「X 射線」。

過後不久，倫琴就把這種射線透過自己的論文〈一種新的射線〉公布於世。

倫琴的研究很快就轟動當時的科學界。人們爭相談論這一偉大的新發現，倫琴很快就成了焦點人物。當然也有對這種射線持懷疑態度的人，有人更是對此表示強烈不滿，他們認為這種發現是對神聖人體的褻瀆。

倫琴不為這些荒謬言論所動，毅然於第二年年初，在自己的研究所作了第一次研究報告，他還當場進行了演示。演示過後，倫琴激動地說：「『X 射線』的發現，無論是對物理學還是對人體醫學，都將是意義深遠的。」

話音剛落，研究所內掌聲雷動。有人提議為這種射線命個名字，於是「倫琴射線」就此誕生了。

電子書購買

爽讀 APP

國家圖書館出版品預行編目資料

撬動宇宙的那一刻，那些看似不起眼的發現瞬間：從古代智慧到現代技術，關鍵時刻的靈光乍現，竟推動人類文明跨越界限？ / 陳劭芝，林之滿，蕭楓 主編 . -- 第一版 . -- 臺北市：崧燁文化事業有限公司 , 2024.11

面；　公分

POD 版

ISBN 978-626-416-044-5(平裝)

1.CST: 科學家 2.CST: 世界傳記 3.CST: 文明史 4.CST: 發明

309.9　　113016262

撬動宇宙的那一刻，那些看似不起眼的發現瞬間：從古代智慧到現代技術，關鍵時刻的靈光乍現，竟推動人類文明跨越界限？

臉書

主　　編：陳劭芝，林之滿，蕭楓
發 行 人：黃振庭
出 版 者：崧燁文化事業有限公司
發 行 者：崧燁文化事業有限公司
E-mail：sonbookservice@gmail.com
粉 絲 頁：https://www.facebook.com/sonbookss/
網　　址：https://sonbook.net/
地　　址：台北市中正區重慶南路一段 61 號 8 樓
8F., No.61, Sec. 1, Chongqing S. Rd., Zhongzheng Dist., Taipei City 100, Taiwan
電　　話：(02) 2370-3310　　　傳　　真：(02) 2388-1990
印　　刷：京峯數位服務有限公司
律師顧問：廣華律師事務所 張珮琦律師

定　　價：375 元
發行日期：2024 年 11 月第一版
◎本書以 POD 印製
Design Assets from Freepik.com